냄새 분자가 만드는 향의 세계

향료화학

하세가와 토시오 지음

원종옥 옮김

원영무 감수

자유아카데미

머리말

냄새란 무엇인가? 이렇게 간단한 질문인데도 답을 하기가 어렵다. 도대체 냄새의 근원은 무엇인가? 냄새의 근원은 어디에 있는가? 어떻게 그것을 조사할 것인가? 사람에겐 오감五感이 있다. 시각, 촉각, 청각, 미각, 후각의 다섯 개의 감각으로, 사람이 살아가는 데 중요한 감각이다. 그리고 이 오감 중 가장 늦게 연구가 이루어진 것이 후각이다. 예를 들면, 냄새 센서라는 기기는 존재하지만, 다른 네 개의 감각 센서에 비해 개발이 많이 뒤처져 있는 것이 현실이다. 즉 냄새를 객관적으로 평가하는 것은 매우 어렵고, 냄새 분야에서는 사람에 의한 관능 평가가 가장 우수한 평가 방법인 것이 실정이다. 또 냄새를 감지하는 구조는 매우 복잡하다. 최근 10년 동안에 많은 것이 밝혀졌지만, 알면 알수록 보다 정확한 냄새 센서를 만드는 데는 아직도 많은 시간이 필요해 보인다.

그래서 냄새에 대한 과학적 기술은 고등학교나 대학 교재에도 거의 기재되어 있지 않다. 아마도 할 수 없다고 하는 게 더 솔직하겠다. 기껏해야 '에틸렌ethylene의 달콤한 냄새, 폼알데하이드formaldehyde나 폼산formic acid의 자극을 주는 냄새, 벤젠benzene의 특이한 냄새'라고 기술할 정도이다. 이처럼 냄새에 관한 관심은 해가 갈수록 커지고 있음에도 학교에서 과학적으로 냄새에 대해 배울 기회는 거의 없는 형편이다.

그렇다면 냄새 과학의 기본은 무엇인가? 바로 냄새 분자와 냄새 수용체이다. 우선 이 두 개에 대해 기본적인 이해가 필요하다. 다음 질문은, 냄새 분자는 무엇인가? 앞에 기술한 에틸렌, 폼알데하이드, 벤젠 등은 모두 유기화합물이다. 여기서 한가지 양해를 구하고 싶은 것이 있다. "염산이나 암모니아 등도 냄새가 나는데 이들은 무기화합물이 아닌가?"라는 의문을 가진 독자도 있을 것이다. 대부분 문헌에서는 이들의 냄새를 '찡그릴 정도로 강한 자극을 주는 냄새'라고 기술하고 있다. 실제로 이 물질의 냄새를 맡을 때는, 냄새라고 하기보다는 아프다는 감각을 느낀다. 따라서 이 책에서는 이 물질들을 냄새의 근원으로 취급하지 않는다. 순수하게 냄새라고 느끼는 냄새의 근원은 유기 분자라고 생각한다. 사실 냄새 구조를 연구하는 데에는 수많은 유기 분자가 사용된다. 냄새를 과학적으로 이해하기 위한 기본은 유기 분자에 있다고 할 수 있다. 즉, 유기화학에 바탕을 둔 이해가 중요하다. 따라서 화학에 대한 기본적인 사항을 이해해야 한다.

냄새를 과학적으로 이해하기 위한 기초는 화학, 특히 유기화학이라 할 수 있다. 지금까지 냄새에 관한 많은 책이 출판되고 있으나 그러한 관점에서 쓰인 책은 볼 수 없었다. 그래서 냄새를 제재題材로 하는 체계적인 화학 교재를 집필하기로 했다. 이 책에서는 우선 유기화학을 기본으로 냄새에 대해 알아보고, 다시 냄새를 수용하는 기본적인 구조를 냄새 분자와 관련하여 설명했다. 이런 관점에서 실제 냄새 소재의 냄새 분석은 저자의 연구를 기반으로 하였다. 끝으로 냄새 분자의 구조가 그 냄새의 특징과 어떤 관계가 있는가에 대하여 저자의 연구 결과를 중심으로 설명했다.

이 책은 고등학교 화학에 대해 기본적인 이해를 하고 있다는 전제하에 기술하였으나, 전공 분야에 관계 없이 주로 대학 학부 1년생을 염두에 두고 알기 쉽게 기술하려고 노력했다. 이 책을 통해 독자가 냄새를 화학적으로 설명할 수 있게 되기를 기대한다.

2021년 4월

하세가와 토시오長谷川 登志夫

차례

출간 후 나올 수 있는 정오표는 자유아카데미 홈페이지(www.freeaca.com) 자료실에서 내려 받을 수 있습니다.

1장

냄새를 이해하기 위한 유기화학 기초

냄새를 느끼기 위해서는, 냄새의 근원인 냄새 분자가 존재해야 한다. 냄새 분자의 정체는 주로 탄소 원자와 수소 원자로 이루어진 유기화합물이다. 여기서는 냄새 분자의 성질을 이해하기 위한 유기화학의 기본을 설명한다.

01 냄새 분자 구조의 기초

1. 냄새 분자(유기 분자)는 어떤 형태인가

냄새 분자를 이야기하기 전에 냄새에 대해 간단히 알아보자. 냄새를 표현하는 단어는 '냄새, 향기, 악취'처럼 여러 가지가 있다(그림 1.1). 요리 등에서는 '좋은 냄새'처럼 '냄새'라는 단어를 쓴다. 식품 등에는 맛을 포함한 냄새라는 뜻으로 '풍미flavor'라는 말도 사용한다. 또 꽃 등에서 나는 좋은 냄새에는 '향기'라는 단어가 사용되고 있다. 한편 화산 같은 곳에서 분출하는 냄새는 '악취'라고 표현한다.

냄새를 표현하는 말은 이외에도 여러 가지이다. 이는 냄새가 우리 생

그림 1.1_냄새를 표현하는 단어

활과 많이 관련되고 있다는 방증이다. 냄새는, 오감五感 중에서도 우리 생활과 특히나 밀접하다고 할 수 있다.

그렇다면 사람이 냄새를 느낄 때는 어떠한 과정을 거칠까? 사람은 매우 복잡한 과정을 거쳐 냄새를 느낀다. 그 과정은 크게 2단계로 나눌 수 있다. 그림 1.2에 나타낸 것처럼 제1단계는 냄새의 근원이 코에 있는 냄새를 감지하는 곳('후각수용체'라고도 하나, 이 책에서는 '냄새 수용체'로 부르기로 한다)과 접촉하는 것이다. 나중에 구체적으로 설명하겠지만, 냄새의 근원은 곧 유기 분자이다. 즉 제1단계에서는 유기 분자와 코에 있는 냄새 수용체가 상호작용을 하는 것이다. 그러면 이 작용이 신호로 바뀌어 뇌로 전달되고, 바로 이때 사람은 처음으로 냄새를 느끼게 된다. 이것이 제2단계이다.

이 단계에는 뇌에서의 인식이 포함되어 있어 이를 이해하는 것은 매우 어렵다. 동일한 냄새의 근원에서 발생한 신호라고 하더라도, 여러 요인에 의해 사람에 따라 느끼는 과정이 달라지기 때문이다. 예를 들어,

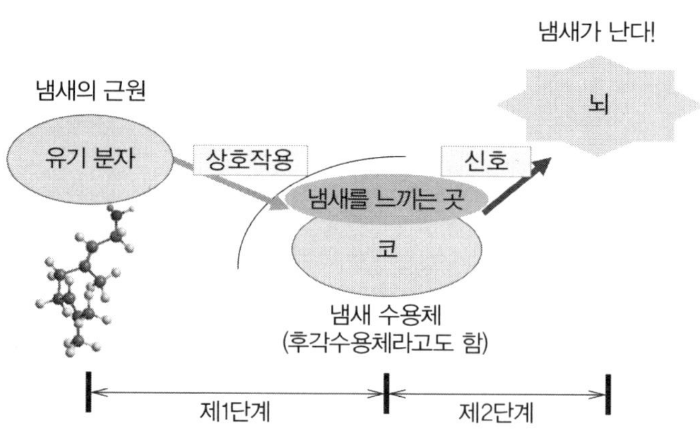

그림 1.2_냄새를 느끼는 과정

어떤 냄새에 대해 "이 냄새는 진정relax 효과가 있다"고 한다 해도, 사람에 따라서 그 냄새가 싫어 불쾌감을 느끼기도 한다.

그렇기는 해도 향은 사람에게 큰 영향을 줄 수 있어서 의료분야에서는 치료 등에 사용하기도 한다(이를 아로마테라피aromatherapy라고 한다). 최근에도 냄새가 생리작용에 미치는 효과에 대해 다수의 연구에서 보고하고 있다.

제1단계는 냄새의 근원이 되는 유기 분자와 냄새 수용체와의 순수한 상호작용이다. 이 단계에 대해서는 최근에 많은 과학적 정보들이 밝혀지고 있다. 이를 이해하기 위해서는, 유기 분자의 구조 및 구조로 인한 성질을 먼저 이해해야 한다.

앞에서 냄새 분자는 유기 분자라고 했는데, 그렇다면 유기 분자란 무엇인가? 이 책에서는 여기서부터 설명을 시작하고자 한다. 그림 1.3에 대표적인 유기 분자 3종류를 나타내었다.

이들은 석유에 함유되어 있는 화합물이다. 그림에서는 각 분자를 입체 구조와 선 구조식으로 표시했다. 선 구조식은 탄소 원자와 수소 원자를 생략하고 선으로 구조를 나타내는 것이다. 이런 구조식 표기 방법은 유기 분자의 형태를 나타내는 데 매우 편리하다. 이 분자들은 모두 탄소 원자(진한 색으로 표시한 공 모양) 6개가 연결되어 분자 골격을 형성하고, 거기에 수소 원자(희미한 색으로 표시한 공 모양)가 결합하고 있다. 이같이 유기 분자란 탄소 원자와 수소 원자로 구성된 분자를 말한다. 산소 원자, 질소 원자, 황 원자 등이 첨가되기도 하지만, 기본 구성 원자는 탄소와 수소이다. 그래서 이 분자들에서는 항상 기름 냄새가 난다. 이런 유기 분자가 냄새 분자의 본성이라고 하면, 사람들은

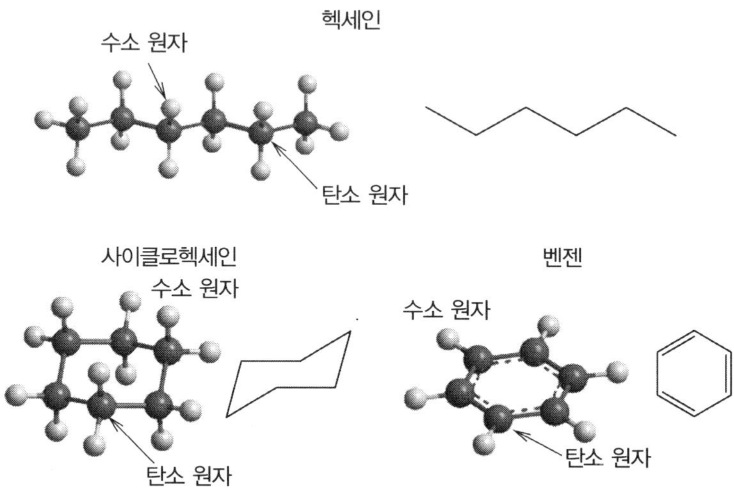

그림 1.3_대표적 유기 분자

의아하게 생각할 것이다.

이제, 실제 냄새 분자를 보자. 우리 주변에 있는 향 중에서 숲의 향, 감귤의 향, 장미의 향, 박하의 향을 선정하였고, 그 향의 대표적인 냄새 분자를 그림 1.4에 나타내었다. 이 그림에 표시한 냄새 분자는 터펜terpene류라고 하는 천연 유기 분자이다. 이들은 탄소 원자 10개가 분자 골격을 형성하고 있어 터펜류 중에서도 모노터펜monoterpene류라고 한다. 이 모노터펜류는 중요한 냄새 성분이다.

그림 1.4의 위에 나타낸 3종류의 분자는 모두 탄소 원자와 수소 원자로만 구성되어있다. 이런 측면만 본다면 그림 1.3에서 설명한 유기 분자들과 다르지 않아 보인다. 그렇지만 냄새는 아주 다르다. 예를 들면 α-피넨α-pinene과 β-피넨β-pinene은 모두 숲을 떠오르게 하는 냄새가 난다. 물론 실제 숲에서 나는 향에는 이들 분자 외에도 다른 분자가 많이 존

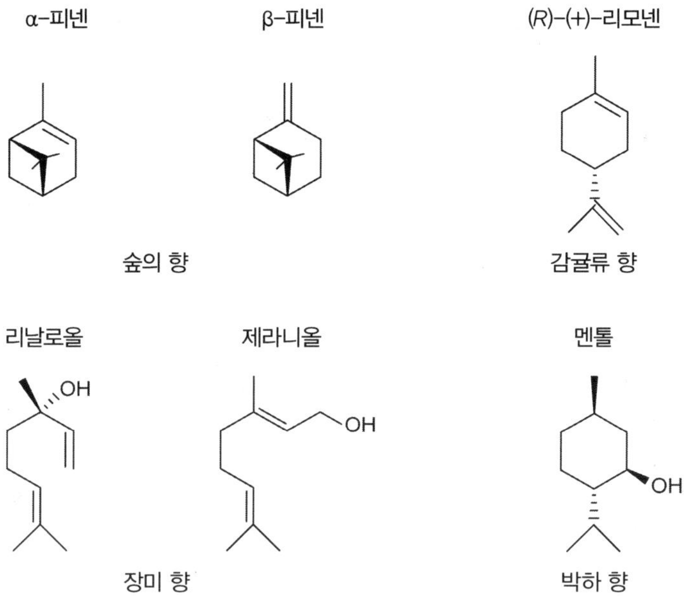

그림 1.4_대표적 냄새 분자

재하고 있어, 이 분자의 냄새와는 다르다. 그러나 그림 1.3의 헥세인 등의 분자에서 나는 기름 냄새는 확실히 나지 않는다. 리모넨limonene은 감귤을 생각나게 하는 냄새가 난다. 그렇다면 이 냄새 차이는 도대체 어디서 생긴 것일까?

냄새의 차이는 바로 분자의 형태가 다르다는 데에서 비롯한다. 이 형태 차이가 각 냄새 분자의 냄새 특징을 결정하는 데 큰 역할을 한다. 또 모양의 차이에 더해, 산소 원자가 첨가되면 어떻게 될까? 그 예가 그림 1.4의 아래쪽에 있는 3종류 유기 분자(역시 모노터펜이다)들이다. 이 중에서 리날로올linalool과 제라니올geraniol은 장미 향을 구성하는 중요한 냄새 성분이며 소위 플로럴floral 향을 내는 유기 분자이다. 또 박하 향기

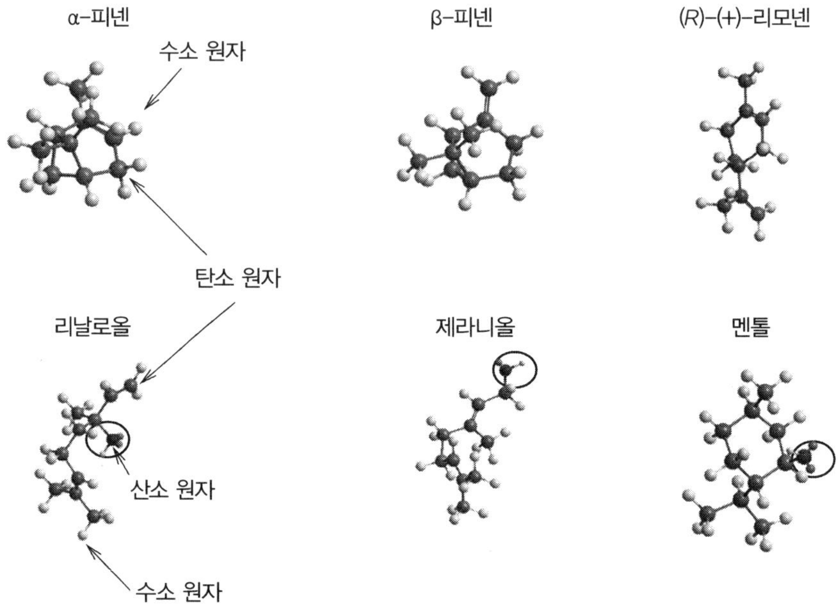

그림 1.5__대표적 냄새 분자의 입체 구조

의 근원이 되는 멘톨menthol도 산소 원자 한 개를 포함하고 있다. 멘톨은 리모넨과 같은 모양을 하고 있고 산소 원자 하나가 들어간 차이뿐이다. 그런데 감귤계 냄새에서 급변하여 박하 냄새를 낸다. 이처럼 냄새 분자가 어떤 냄새를 발현하는가는 냄새 분자의 모양, 특히 3차원 분자 구조의 모양에 의해 결정된다. 그림 1.5에는 그림 1.4에 나타낸 6종류 분자들의 입체적인 구조를 나타내었다.

이 6개 분자는 산소 원자가 있고 없음에 따라 상단과 하단으로 구분된다. 그런데 상단에 있는 α-피넨과 β-피넨은 숲의 향이라고 하는 비슷한 계통의 냄새인 데 비해, 리모넨은 감귤계 냄새로 명확히 다르다. 하단에서도 리날로올과 제라니올은 비슷한 플로럴 향이 나지만 멘톨은

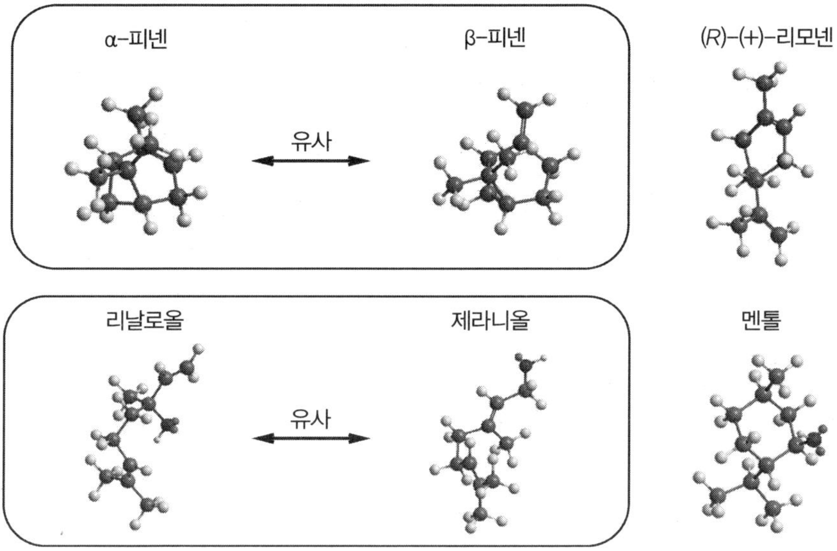

그림 1.6__유사한 구조를 갖는 냄새 분자와 다른 구조를 갖는 냄새 분자

박하 향이다. 이러한 차이는 삼차원적 분자 모양의 유사성과 관계가 있다. 그림 1.6에 나타낸 것처럼 α-피넨과 β-피넨 분자의 모양은 서로 닮아있으며 리모넨과는 완전히 다르다. 리날로올, 제라니올과 멘톨의 경우에서도 같다. 즉, 모양이 다른 것이 냄새 특징의 차이로 나타나는 것이다.

지금까지 기술한 것같이 냄새에 있어서 냄새 분자의 모양은 매우 중요하다. 따라서 냄새 분자의 차이를 이해하기 위해서는 유기 분자의 구조, 특히 입체 구조에 대해 기본적으로 이해해야 한다. 다음 항에서는 냄새 분자의 입체 구조에 대한 기본적인 사항을 설명한다.

2. 냄새 분자의 입체 구조와 냄새와의 관계

유기 분자의 골격은, 탄소 원자가 연결되어(결합하여) 만들어진다. 탄소 원자가 다른 원자와의 결합에 사용할 수 있는 손은 4개이다. 따라서 그 사용 방법에 따라 3개의 결합 방식이 존재한다. 다른 탄소 원자와 4개의 손 중 하나만을 사용해 결합하는 것이 단일 결합, 두 개를 사용하는 것이 이중 결합, 세 개를 사용하는 것이 삼중 결합이다. 결합 방식의 차이가 분자 모양과 큰 관련이 있다. 탄소 원자 두 개로 구성되는 유기 분자에서, 두 탄소 사이의 결합의 종류에 따라 형성되는 분자 구조의 차이를 그림 1.7에 나타내었다.

단일 결합인 경우는 3차원 구조를 가지고, 이중 결합은 2차원(평면), 삼중 결합인 경우는 1차원 구조이다. 천연에 존재하는 냄새 분자는 주

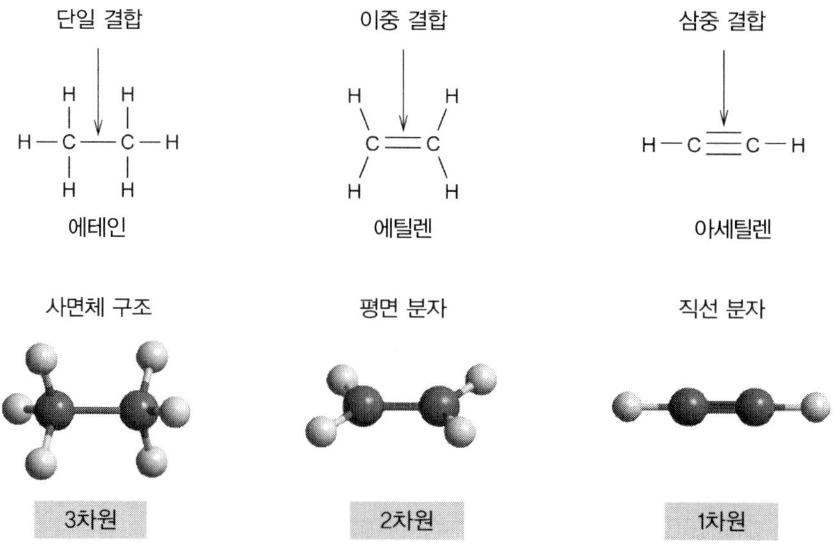

그림 1.7_유기 분자의 골조骨組를 만드는 3종류의 결합 방식

로 단일 결합으로 구성되고, 거기에 몇 개의 이중 결합이 더해져 만들어진다(물론 단일 결합만으로 이루어진 냄새 분자도 있다). 따라서 탄소 원자의 연결 방법에 따라 많은 형태의 유기 분자가 생긴다. 예를 들면, 탄소 원자 4개가 2개의 단일 결합과 한 개의 이중 결합으로 만들어진 분자의 경우, $CH_3-CH_2-CH=CH_2$와 $CH_3-CH=CH-CH_3$의 2종류가 존재하게 된다. (이 두 분자처럼, 분자식은 같지만 연결 방법이 다른 관계의 분자를 서로 구조 이성질체라고 한다.) 모양이 다르면 당연히 냄새도 달라진다.

또 탄소 원자 수가 증가하면 연결 방법도 증가한다. 이에 따라 분자 모양이 변할 뿐 아니라 단일 결합으로 형성된 분자에서는 거울상 이성질체라는 입체 구조 차이도 나타난다(그림 1.8). 구체적인 냄새 분자를 예로 들어 2종류의 입체 이성질체를 살펴 보자.

우선 기하 이성질체를 보자. 풀과 같은 냄새가 나서 그린green 향 성분으로 알려진 *cis*-3-헥센올(3Z)-hex-3-en-1-ol(잎 알코올leaf alcohol이라고도 한

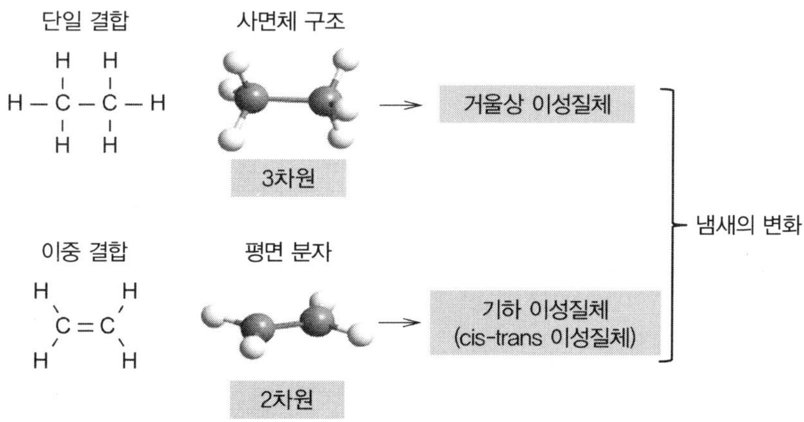

그림 1.8_단일 결합과 이중 결합으로 생기는 입체 이성질체

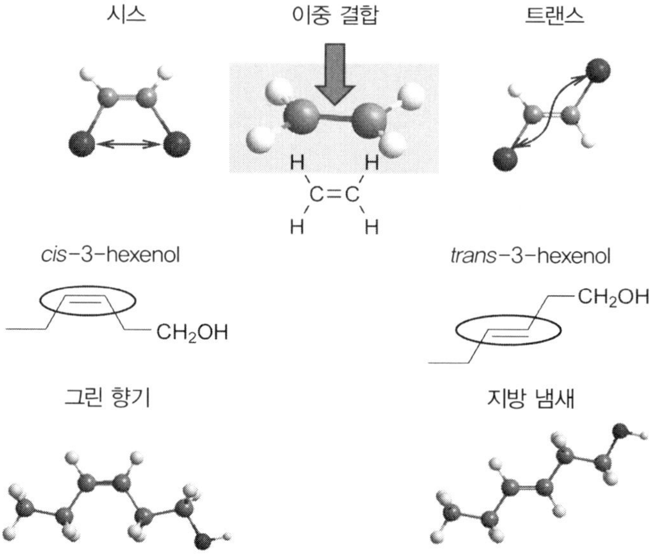

그림 1.9_기하 이성질체(cis-trans 이성질체) 관계인 분자의 냄새 차이

다)은 그림 1.9에 나타낸 것처럼 분자 내에 하나의 이중 결합이 있다.

그래서 이중 결합의 양 끝에 CH_2CH_3와 CH_2CH_2OH, 2개의 원자단이 결합되어 있다. 이 2개 원자단이 같은 쪽에 있는 구조를 시스$_{cis}$, 반대쪽에 있는 구조를 트랜스$_{trans}$라고 한다. *cis*-3-헥센올은 cis형 입체 구조이며, 그린$_{green}$ 향을 낸다. 한편 trans 화합물의 냄새는 지방 냄새(기름 냄새)이며 이 두 냄새는 서로 아주 다르다. 이중 결합 하나의 존재만으로도 분자의 공간적 배치 구조가 크게 달라지고, 분자의 모양이 달라진 결과, 냄새가 차이난다.

다음으로 거울상 이성질체에 대해 살펴보자. 앞에 기술한 것처럼 탄소 원자에는 4개의 손이 있다. 이 4개 손은 정사면체의 4개 꼭짓점을 향해 뻗어 있다. 즉, 사면체 구조이다. 그림 1.10의 윗부분에 나타낸 것

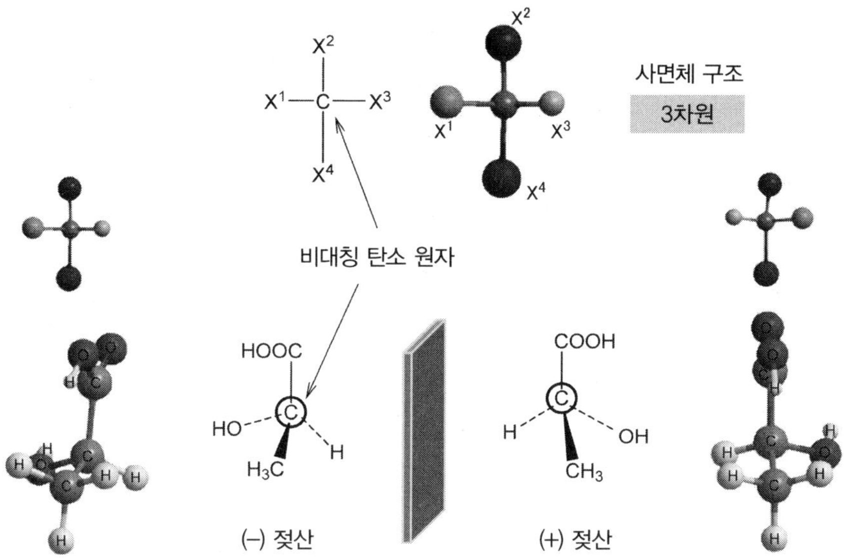

그림 1.10_젖산의 거울상 이성질체

처럼 탄소 원자 4개의 손에 각기 다른 원자나 원자단이 결합한 탄소 원자를 비대칭 탄소 원자(또는 카이랄 탄소 원자)라고 한다. 여기서는 비대칭 탄소 원자를 갖는 젖산lactic acid을 예로 들어 거울상 이성질체를 설명할 것이다. 그림 1.10에 나타낸 것처럼 젖산의 탄소 원자에는 4개의 다른 원자(원자단)이 결합하고 있어 거울상 이성질체가 존재한다. 이 두 개 분자는 거울상 관계이며, 서로 겹치지 않는다. 즉, 서로 다른 분자이다.

냄새 분자에는 비대칭 탄소 원자를 가진 것이 많다. 그림 1.11에 표시한 리날로올linalool도 그중 하나이다. 천연의 꽃 냄새 성분에는 (*S*)-(+)-리날로올(*S*체)이 포함되어 있다. 이 냄새 분자에서는 달콤한 냄새가 난다. 반면 거울상 이성질체인 (*R*)-(−)-리날로올(*R*체)은 라벤더lavender와

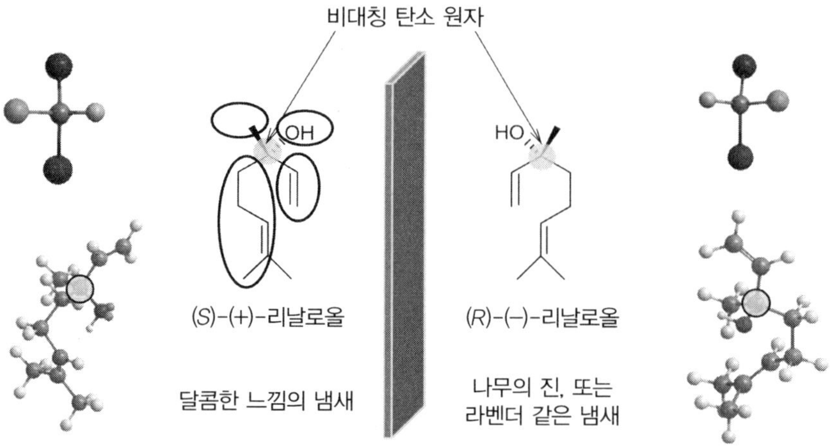

그림 1.11＿거울상 이성질체의 예: 리날로올

같은 아주 다른 냄새가 난다.

또 다른 예로 감귤류 냄새 성분으로 알려진 리모넨limonene을 들 수 있다. 리모넨은 그림 1.12에서처럼 거울상 이성질체로 *R*체와 *S*체가 존재

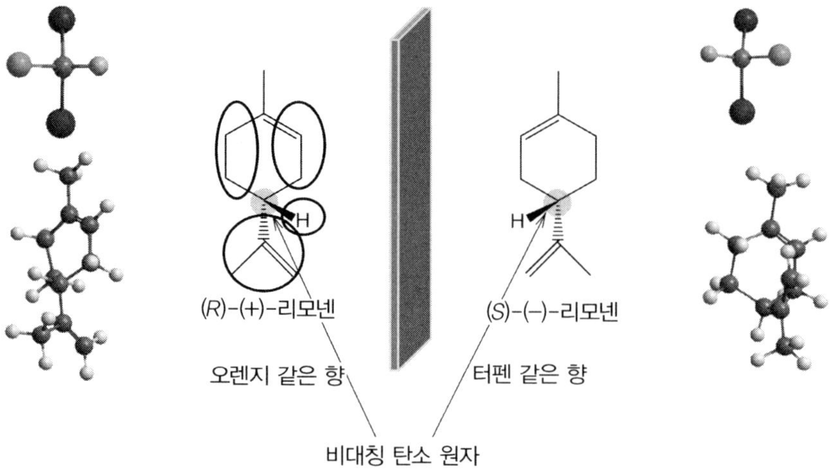

그림 1.12＿거울상 이성질체의 예: 리모넨

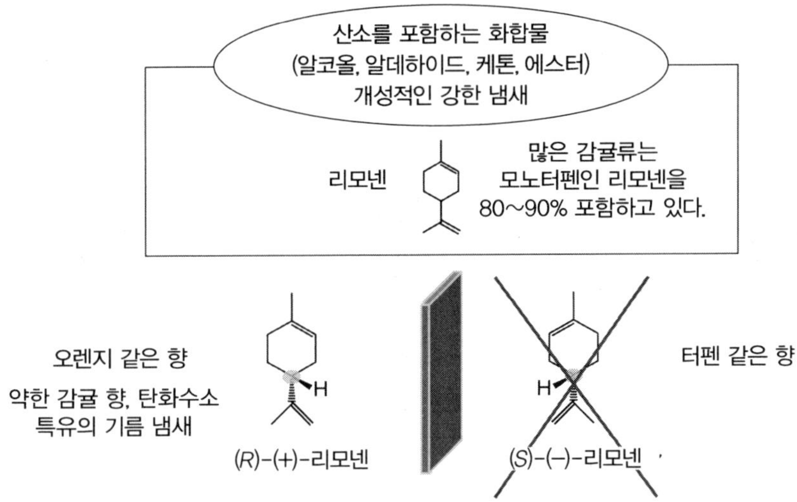

그림 1.13_감귤류 냄새 성분

한다. 천연에 있는 많은 종류의 감귤류에는, *R*체만 90% 이상 포함되어 있다(그림 1.13). 이에 비해 *S*체는 터펜terpene에 가까운 냄새가 나며 *R*체의 냄새와 명확하게 다르다. 이처럼 거울상 이성질체끼리도 서로 다른 냄새 특징을 갖고 있다.

맛味의 세계에서도 거울상 이성질체는 아주 다른 특징을 나타내는데, 그 한 예가 그림 1.14에 나타낸 글루탐산glutamic acid이다. *L*체의 Na염은 감칠맛 성분으로 알려져 있다.

여기까지 설명한 기하 이성질이나 거울상 이성질 관계에 있는 분자끼리는 '입체 배치가 다르다'고 한다. 이들 이성질체는 기본적으로 서로를 대체할 수 없다. 이에 비해 서로를 대체할 수 있는 분자 구조의 차이도 존재하는데, 이를 회전 배열conformation이라고 한다. 에테인 분자를 예로 들어 보자. 에테인 분자의 C–C 단일 결합을 그림 1.15의 왼쪽에 표

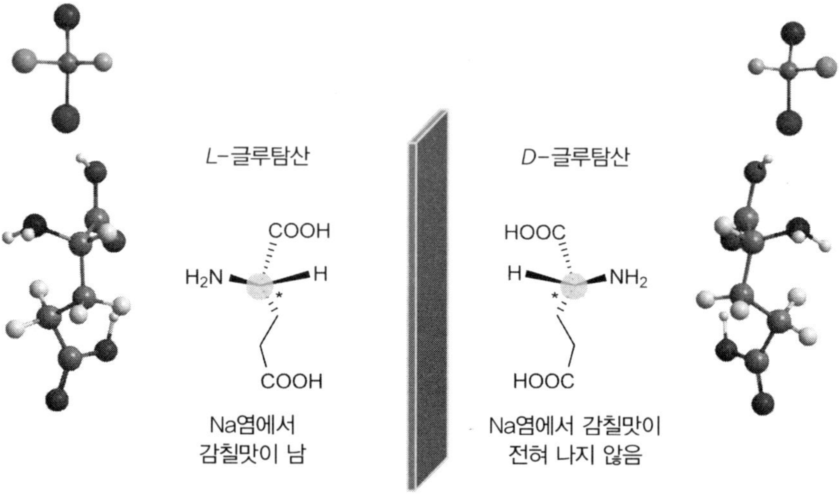

그림 1.14_거울상 이성질체의 예: 글루탐산glutamic acid

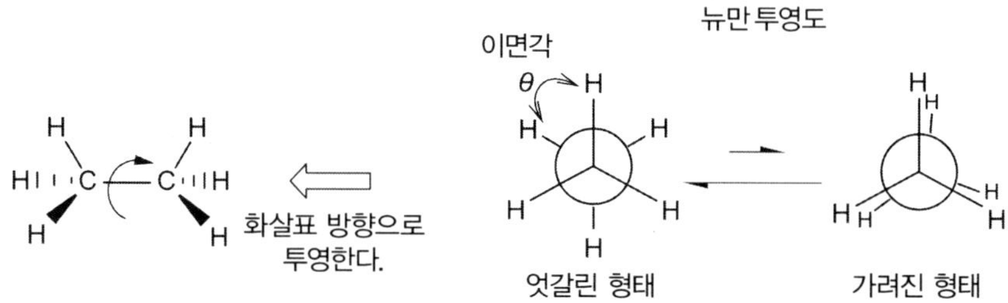

그림 1.15_에테인 분자의 회전 배열

시하고, 이를 화살표 방향으로부터 본 그림(뉴만Newman 투영도라 한다)을 오른쪽에 나타냈다. C–C 단일 결합은 그림에 나타낸 것처럼 자유롭게 회전할 수 있다. 이를 자유 회전이라 한다. 그림 오른쪽에 표시한 것 같이 수소 원자끼리 겹치지 않는 엇갈린 형태staggered와 겹치는 가려진 형태eclipsed가 있다. 에테인 분자의 양 끝에 있는 수소 원자가 CH_3로

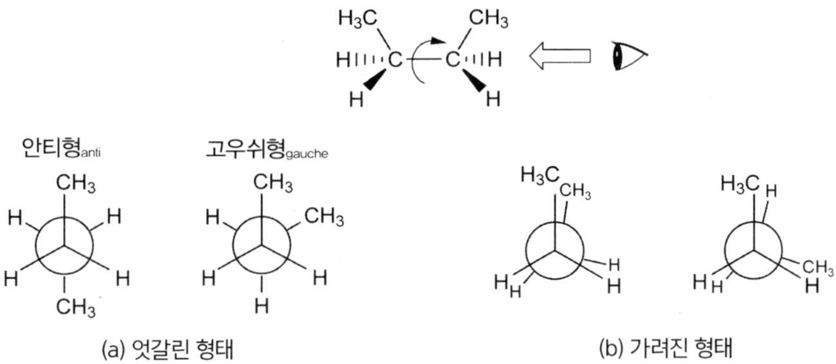

그림 1.16_뷰테인 분자의 입체 배열

된 뷰테인butane 분자의 경우는 그림 1.16과 같은 회전 배열 이성질체conformal isomer, conformer가 존재한다. 일반적으로 에너지 면에서 가려진 형태쪽이 엇갈린 형태보다 불리해서 분자는 엇갈린 형태 쪽으로 존재할 확률이 높다. 그러나 회전 배열 이성질체 사이의 에너지 차는 작아서 일반적으로 서로 쉽게 바뀔 수 있다.

또, 고리 구조가 있는 사이클로헥세인cyclohexane과 같은 경우도 이성질체가 존재한다. 주된 이성질체는 그림 1.17에 나타낸 의자형chair과 보트형boat 이성질체가 있다. 이 두 이성질체 중 일반적으로 보트형에는 꼬인 보트 모양이 존재해서 의자형보다 불안정하다. 이 때문에 보통 사이클로헥세인 분자의 입체 구조는 의자형으로 표기된다.

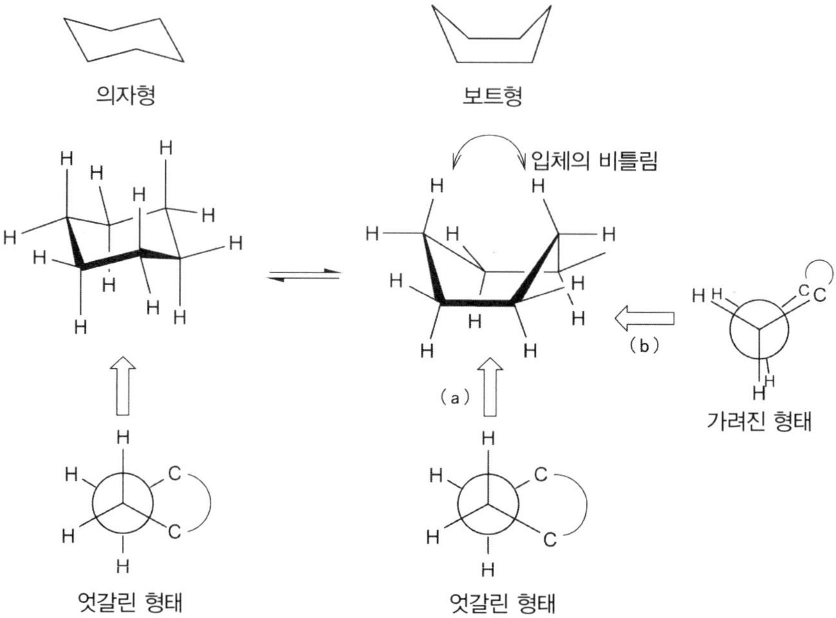

그림 1.17_사이클로헥세인 분자의 입체 구조

3. 냄새 분자 구조의 특징

지금까지 설명한 유기 분자의 구조에 대한 기초 지식을 바탕으로 실제 냄새 분자의 구조를 검토해 보자. 에탄올, 제라니올, 멘톨의 분자 구조를 그림 1.18~1.20에 나타냈다.

에탄올 분자는 탄소 원자 2개로 분자 골격(기름과 사이가 좋은 성질, 소수성을 갖는다)이 형성되어 있으며, 그 골격에 물과 사이가 좋은 성질(친수성)을 가진 작용기 OH가 결합해 있다. 소수성과 친수성 특성은 나중에 구체적으로 설명하겠지만, 냄새 분자의 성질을 이해하는 데 중요하다.

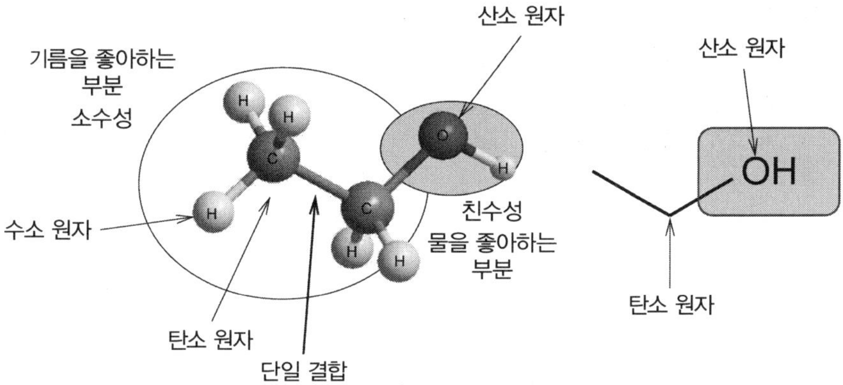

그림 1.18__에탄올의 분자 구조

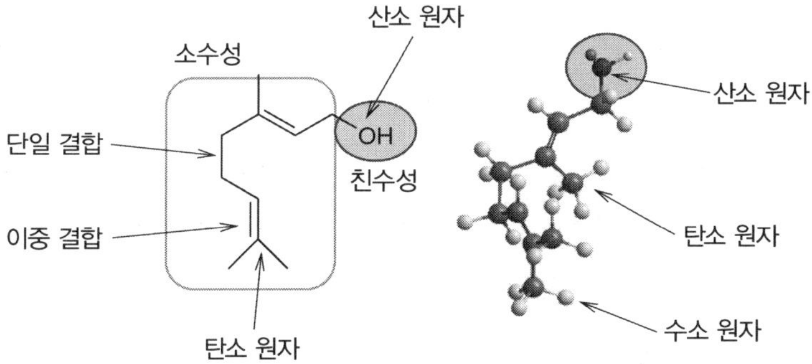

그림 1.19__제라니올의 분자 구조

다음으로 제라니올 분자의 모양을 보자. 이는 탄소 원자 10개로 분자 골격을 만들고 있으며 그 골격 중 2개는 이중 결합이다. 에탄올에서는 자유 회전을 해도 분자 전체의 모양이 크게 변하지 않는다. 그러나 탄소 원자가 10개나 있으면, C–C 단일 결합의 자유 회전에 의해 여러 가지 회전 배열을 갖게 된다. 그렇다면 여기에 이중 결합이 들어오면 어떻게 될까? 이중 결합은 자유롭게 회전할 수 없다. 그래서 분자 모양이 강

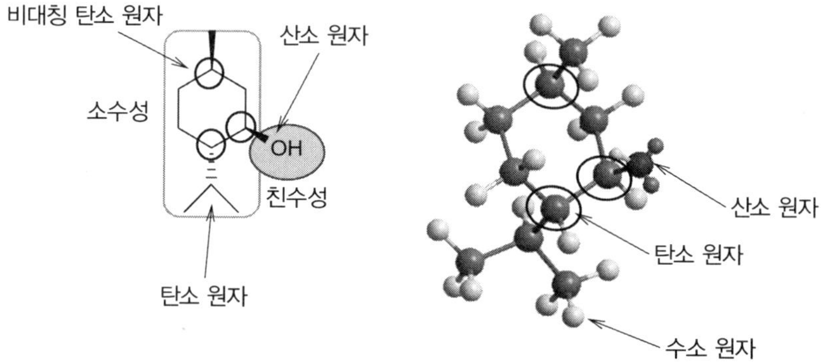

그림 1.20_(−)-멘톨의 분자 구조

직해진다. (이중 결합 주위 분자의 모양이 자유롭게 변하는 일은 없다.) 분자 모양이 어느 정도 강직하게 되는 것은, 냄새의 특징을 명확하게 하는 것과 관계가 있는 것으로 여겨진다.

멘톨은 고리 구조를 형성함으로써 강직해진다. 멘톨 냄새는 사람들에게도 잘 알려진, 특징적인 박하 향이다. 이 분자에는 비대칭 탄소 원자가 3개 있다. 즉 2×2×2=8개의 입체 구조가 다른 이성질체가 존재한다. 그중 하나의 분자만이 박하 냄새를 갖는 멘톨이다.

지금까지 설명한 것처럼, 물질의 모양과 냄새와의 관계를 이해하기 위해서는 유기 분자의 모양에 대한 이해가 매우 중요하다.

02 냄새 분자의 성질

1. 분자(유기 분자)의 소수성과 친수성

유기 분자의 골조骨組는 탄소 원자들이 연결되어 만들어진다. 골격은 그림 1.3의 석유에 포함된 유기 분자의 예처럼 기름 성질(소수성 혹은 친유성이라 한다)을 갖고 있다. 그런데 에탄올은 잘 알다시피 술 성분이고, 물에 녹는다. 이는 그림 1.21에 표시한 것처럼 분자 내에 친수성 OH기(하이드록시hydroxy기)가 있기 때문이다. 즉, 분자 골격은 기름 성질이지만, OH기 역시 포함하므로 분자의 성질이 변한다. 이 OH기와 같이, 유기 분자에 특정한 성질을 첨가하는 원자단을 작용기라고 한다. 작용기에는 OH기와 같은 친수성을 가진 것 외에 소수성을 가진 것도 있으며 각각 그림 1.22와 그림 1.23에 나타내었다.

그런데 그림 1.23에 나타낸 작용기 중, 산소 원자나 황 원자를 포함하는 작용기는 친수성과 소수성의 경계면에 있다고 여겨진다. 에터ether

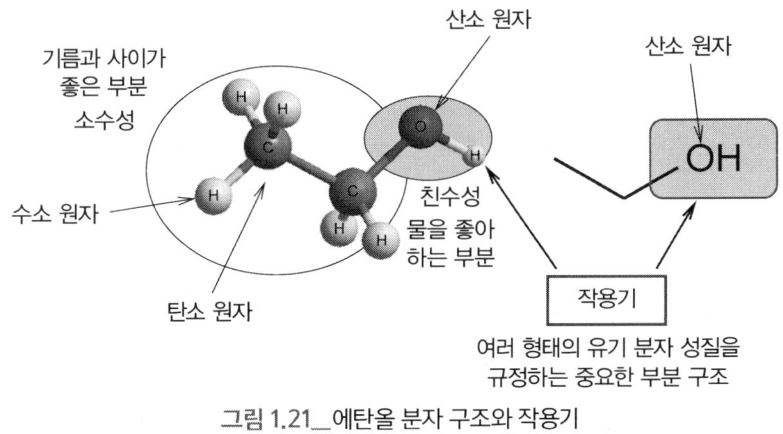

그림 1.21_에탄올 분자 구조와 작용기

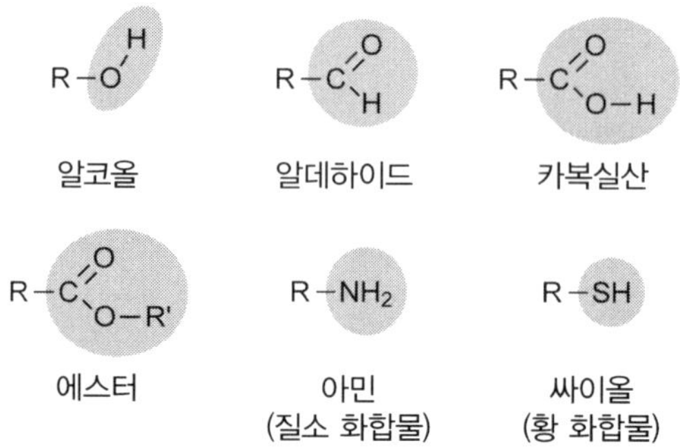

그림 1.22_친수성 작용기

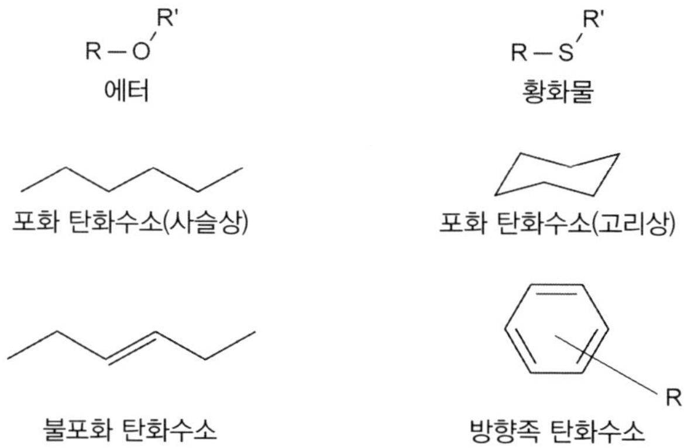

그림 1.23_소수성 작용기(유기 분자의 골격 구조)

나 황화물sulfide은 소수성에 가까우므로 소수성으로 분류하였다. 여기에 적지 않은 나이트로nitro(NO_2)기같은 작용기도 있지만, 일반적으로 냄새 분자에는 존재하지 않아 생략했다.

그림 1.23에 나타낸 소수성 작용기는 유기 분자의 분자 골격을 형성하고, 그 최소 구조는 CH_3이다. 예를 들면 그림 1.22에 있는 친수성을 갖는 여러 가지 작용기가 CH_3에 결합함으로써, 알코올 등과 같은 특징

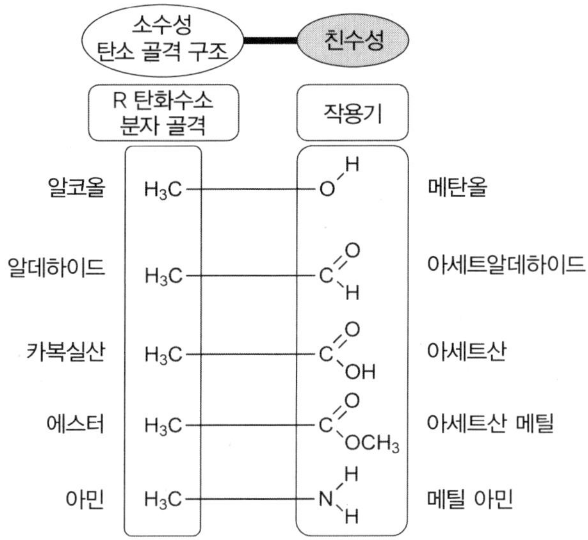

그림 1.24_대표적인 친수성 작용기를 갖는 유기 분자

적 성질을 갖는 화합물이 만들어진다(그림 1.24). 그러면 골격 구조를 형성하는, 그림 1.23에 나타낸 소수성 작용기가 분자 전체의 성질에 미치는 영향은 없는가? 이 질문에 대한 답은, "각 작용기에 포함되어있는 탄소 원자의 수와 큰 관련이 있다"이다.

탄소 원자의 수가 적다면, 그림 1.22에 있는 작용기에 의한 성질이 분자의 성질로 발현한다. 그러나 분자 골격을 형성하고 있는 원자 수가 많아지면 분자 골격이 갖는 소수성 성질이 나타난다. 이와 같이 유기 분자(특히 냄새 분자)의 성질은 분자 골격을 형성하고 있는 소수성 작용기와 특징적 성질을 부가하는 친수성 작용기의 조합에 의해 형성된다고 볼 수 있다.

2. 냄새 분자가 녹는다는 것은

유기 분자의 중요한 성질 중 하나인 '녹는다'는 현상을 분자 수준에서 생각해보자. 두 물질 A와 B를 섞었을 때 일어나는 현상을 그림 1.25에 나타내었다.

그림에서 상태 (1)은 녹아 있지 않은 상태, 상태 (2)는 녹은 상태에 해당한다. 예를 들어 물질 A를 물이라 생각하자. 물질 B가 샐러드 오일이나 버터처럼 소수성 분자라면, 물과 사이가 나빠서 서로 섞이지 않는다. 따라서 물에는 녹지 않으므로, 물에 그대로 뜬 상태가 된다. 한편 물질 B가 에탄올이나 설탕 등과 같은 물질이라면, 물과 사이가 좋아 (2)와 같은 상태가 된다. 즉, 녹았다고 한다. 이처럼 물질이 녹거나 녹지 않는 현상에서는, 물과 상호작용에 대한 성질 차이, 즉 소수성과 친수성이라는 물질을 구성하는 분자 구조의 성질이 중요한 요인이다.

녹는다는 것을 좀 더 자세히 보자. 에탄올은 그림 1.26에 나타낸 것

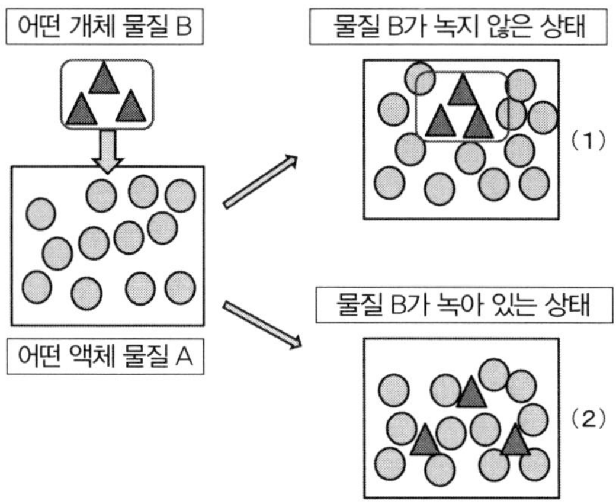

그림 1.25_분자 수준으로 보는 '녹는다'

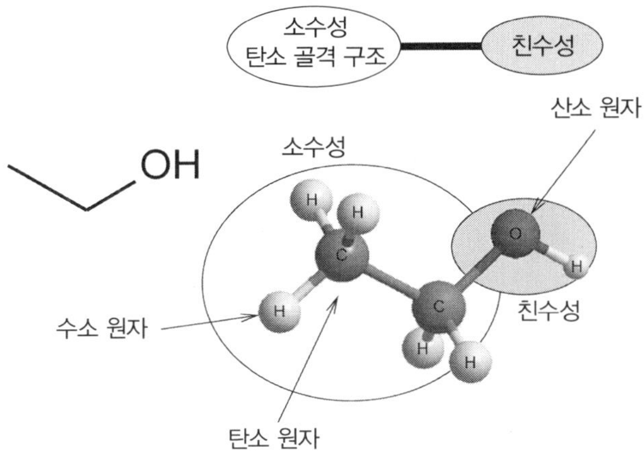

그림 1.26_에탄올 분자 구조에서 소수성 부분과 친수성 부분

처럼 소수성 분자 골격과 친수성 OH기로 되어 있다. 에탄올이 물과 잘 섞이는 것은 친수성 작용기 성질이 소수성 작용기 성질을 능가하기 때문이다. 그렇다면 소수성 성질이 증가하면 물에 녹지 않게 될까?

이를 그림 1.27에 나타낸 세 분자들의 물에 대한 용해도로 생각해 보자. 에탄올ethanol, 프로판올propanol, 뷰탄올butanol 순으로 분자 골격을 형성하는 탄소 원자 수가 하나씩 증가한다. 즉, 분자 전체에 대한 소수성 부분이 증가하고 있다. 그러면 상대적으로 OH기가 차지하는 비율이 감소한다. 분자 전체로 보면 소수성이 커지고 친수성이 작아지는 것이다. 그렇지만 아직까지 뷰탄올은 물에 녹는다. 그러면 탄소 원자를 좀 더 늘리면 어떻게 될까?

그림 1.28에 식물성 오일 성분으로 잘 알려진 올레산oleic acid의 구조를 나타냈다. 올레산의 분자 골격은 탄소 원자 17개이며, 거기에 친수성 카복실기가 추가되어 있다. 그림에서 명확하게 보이듯이, 소수성 부분이

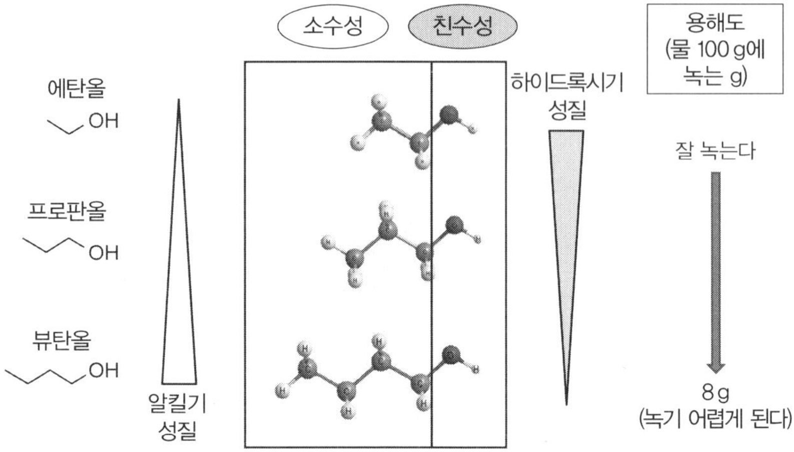

그림 1.27_사슬형 알코올 구조와, 그의 소수성 및 친수성과 용해도와의 관계

압도적으로 크다. 이렇게 되면 물에 거의 녹지 않는다. 반면, 식초에 포함되어 있으며, 산이 갖는 신맛의 원인 성분인 아세트산(CH_3COOH)도 동일한 작용기인 카복실기를 포함하지만 물에 잘 녹는다.

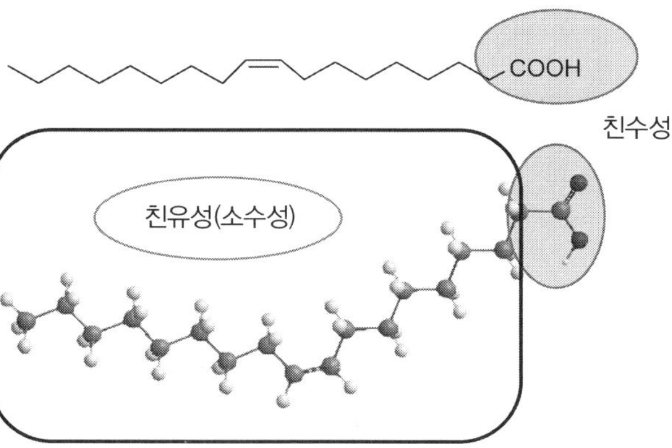

그림 1.28_올레산 분자 구조에서 소수성 부분과 친수성 부분

3. 냄새 분자의 끓는점과 구조

유기 분자의 끓는점은 냄새 분자에서 가장 중요한 성질이다. 냄새를 느끼려면 당연히 냄새 분자가 휘발해서 코에 있는 수용체에 도달해야 한다. 이 휘발성과 밀접한 관계가 있는 것이 바로 냄새 분자의 끓는점이다. 끓는점이 낮은 물질과 높은 물질이 공존하면, 끓는점이 낮은 쪽 분자가 보다 많이 휘발해서 그 냄새를 인식하기 쉽다. 그렇다면 끓는점은 유기 분자의 구조와 어떤 관계가 있을까? 그림 1.29를 보자.

그림에 있는 세 분자의 분자식은 모두 C_5H_{12}이다. 이미 기술한 것처럼 탄소 원자에는 다른 원자와 결합에 사용하는 손이 4개 있다. 이 4개를 사용해 탄소 원자와 수소 원자 사이의 단일 결합만을 만들 때, 그림에서처럼 3종류의 결합 방법이 가능하다. 이 세 종류를 서로 구조 이성질체라고 한다. 분자식은 같으나 그 분자 모양은 크게 다르다. 그 결과가 끓는점 차이로 나타나며, 왼쪽 분자에서 오른쪽 분자로 가면서 끓는점이 낮아짐을 볼 수 있다. 끓는점이란, 어떤 물질을 구성하는 분자가, 액체 상태에서 분자 간 작용하는 힘을 넘어 기체 상태가 되는 온도

끓는점 [℃]

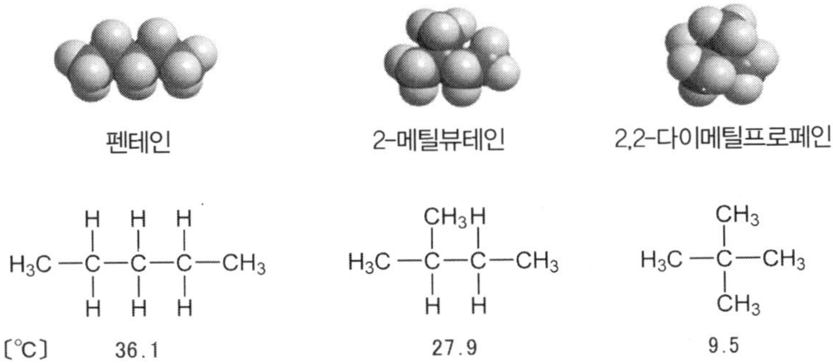

그림 1.29_분자식이 모두 C_5H_{12}로 같은 세 종류 구조 이성질체의 분자 구조와 끓는점

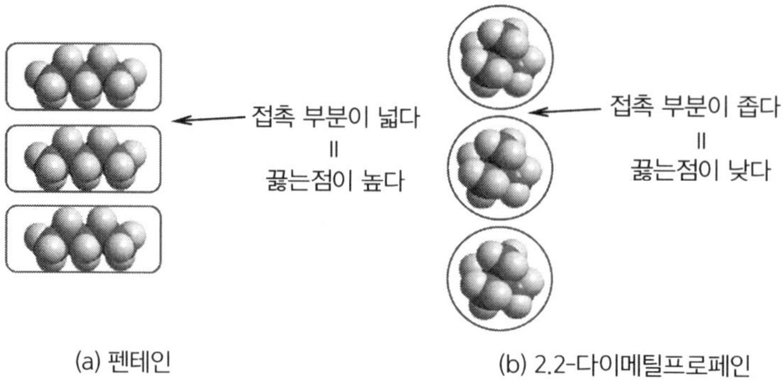

그림 1.30_분자간 접촉 부분과 끓는점과의 관계

를 말한다. 따라서 분자 사이에 작용하는 힘이 클수록 끓는점이 높아진다. 이를 토대로 그림 1.29를 다시 보자. 펜테인pentane의 끓는점이 2,2-다이메틸프로페인2,2-dimethylpropane보다 높다는 것은, 펜테인 분자 사이에 더 커다란 힘이 작용한다는 것을 의미한다.

그림 1.30에 나타낸 것같이 비극성 탄화수소 분자 사이에 작용하는 힘은 반데르발스 힘van der Waals force이다. 이 힘은 분자끼리의 접촉 면적이 넓을수록 커진다. 그림에 표시한 것처럼 펜테인은 다른 2개의 분자보다 분자 사이에 접촉하는 부분이 넓어서 결과적으로 끓는점이 높다.

분자 사이에 작용하는 힘은 반데르발스 힘 외에도 있다. 극성을 갖는 분자(즉, 극성 분자) 사이에는 반데르발스 힘보다 강한 정전기적 인력coulomb force이 작용한다(그림 1.31). 이 극성은 원래는 원자에 있는 전자를 잡아당기는 힘(전기 음성도라고 함)의 차이로 인해 생긴다. 그림의 오른쪽에 나타낸 C–Cl 결합에서는 Cl이 C보다 전자를 잡아당기는 힘이 강하기 때문에 결합에 사용되는 전자가 Cl 쪽으로 끌려가고, 그 결과 C–Cl 결합에서는 그림에서 보듯이 분극이 일어난다.

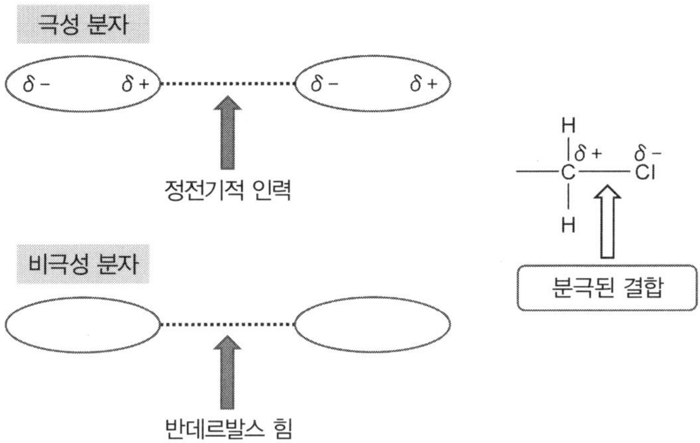

그림 1.31_극성 분자 사이, 비극성 분자 사이에 작용하는 힘과 유기 분자에서 분극된 결합

이후 분극이 일어난 결합이 있는 극성 분자의 분자 사이에서 정전기적 인력이 작용한다. 극성 분자는 거의 같은 분자량을 갖는 비극성 탄화수소와 비교해 끓는점이 약 2배 높다(그림 1.32).

지금까지 소개한 두 개의 힘보다 더 큰 분자 간 힘은 그림 1.33에 나타낸 수소 결합이다. 물의 끓는점이 높은 것도 이 수소 결합 덕분이다. 이러한 특성은 유기 분자에서도 동일하게 일어난다. 그림 1.34에 나타

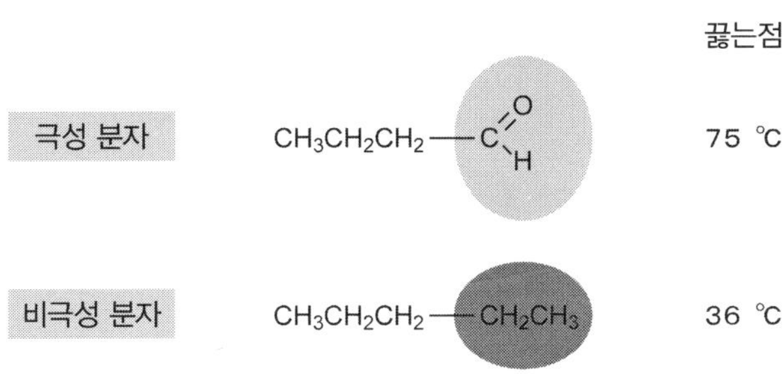

그림 1.32_같은 분자량을 갖는 분자의 극성 유무와 끓는점 차이

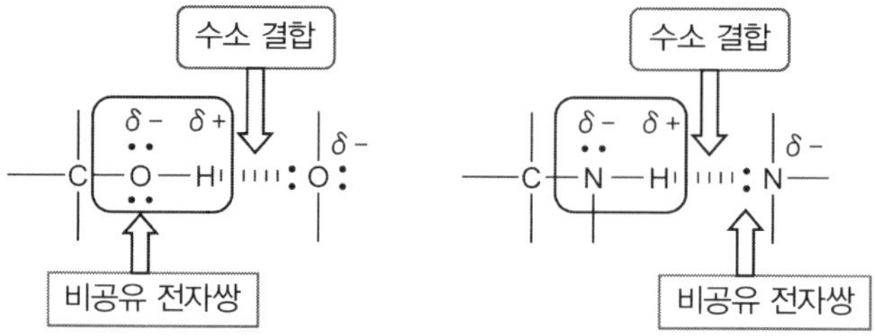

그림 1.33_OH기와 NH_2기의 수소 결합

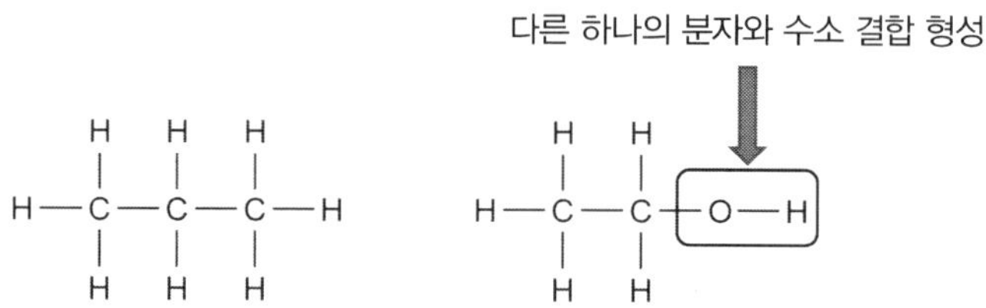

	프로페인	에탄올
끓는점[℃]	-42.1	78.5

그림 1.34_비슷한 분자량을 가진 분자들의 수소 결합 유무와 끓는점 차이

낸 것같이, OH기 사이에 수소 결합이 존재하는 알코올류는 상응하는 탄화수소에 비해 끓는점이 매우 높다.

03 냄새 분자의 구조를 해석하는 기본 수단

1. 냄새 분자(유기 분자) 구조 해석 순서

지금까지 유기 분자의 구조적 특징을 설명하였다. 그렇다면 유기 분자 구조는 어떻게 알아내는가? 유기화합물의 구조를 결정하거나, 동정同定, identification하기 위해서는 기본적으로 물질을 높은 순도의 단일 물질로 분리해야 한다.

이후 순수한 물질로부터 얻은 기기분석 데이터를 기존 데이터(문헌 등에서 얻음)와 비교해서 구조를 추정한다(그림 1.35). 데이터가 일치하면 구조를 결정하거나 동정한다. 일치하지 않는 경우에는 다시 여러 가지 기기분석법을 통해 구조를 결정하게 된다.

구조를 결정하는 일반적인 순서를 보자(그림 1.36). 정제된 화합물을 질량 분석법(MS) 등으로 측정해서 분자식을 얻는다. 적외선 분광법(IR)으로는 작용기의 종류에 대한 정보를 얻는다. 분자에 공액conjugation, 共役

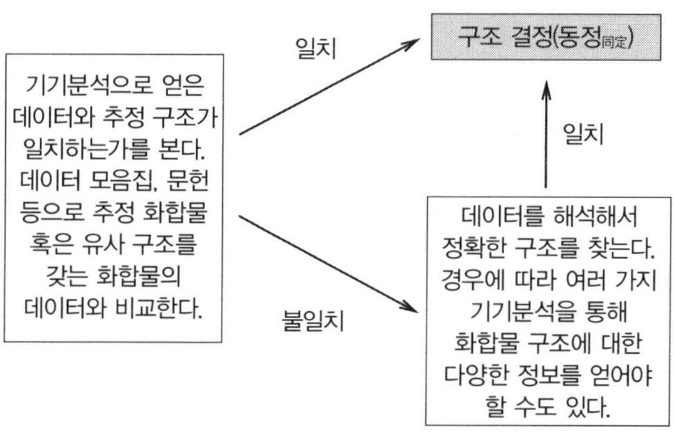

그림 1.35_유기화합물의 구조를 결정 또는 동정하는 방법

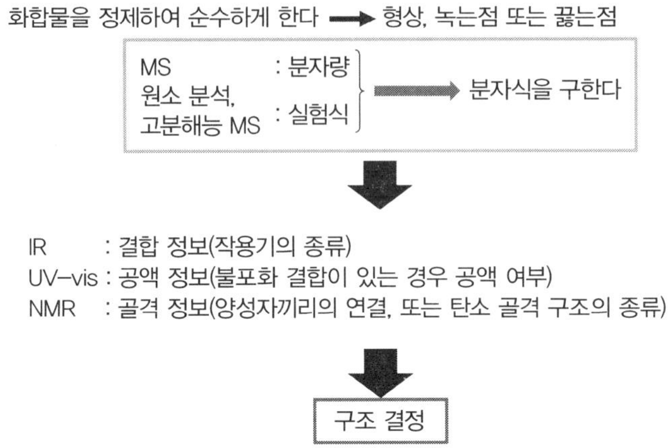

그림 1.36_유기화합물의 일반적인 구조 결정 순서

구조가 존재할 가능성이 있다면 UV-vis 분광법으로 측정한다. 이와 같이 유기화합물의 구조를 결정하거나 동정하는 데 여러 기기분석법이 사용되고 있다. 그중 특히 중요한 것은 핵자기 공명법(NMR)이다. 실제 이 방법으로 분자식을 추정하거나 작용기의 유무를 알 수 있어, 유기 분자의 구조를 결정하는 데 중심 역할을 하고 있다. 다음 항에서 이 방법에 대해 간단히 알아보자.

2. 핵자기 공명법(NMR)을 사용한 냄새 분자의 구조 해석

여기서는 리모넨을 예로 들어 핵자기 공명법(NMR)을 이용한 구조 해석 방법을 설명한다. NMR이란 원자를 자기장에 놓았을 때 일어나는 현상을 이용한 분석 방법이며 측정 대상 원자는 주로 양성자(^{1}H), 탄소(^{13}C)이다. 그림 1.37에는 ^{1}H NMR 그래프를, 그림 1.38에는 ^{13}C NMR 그래프를 나타내었다.

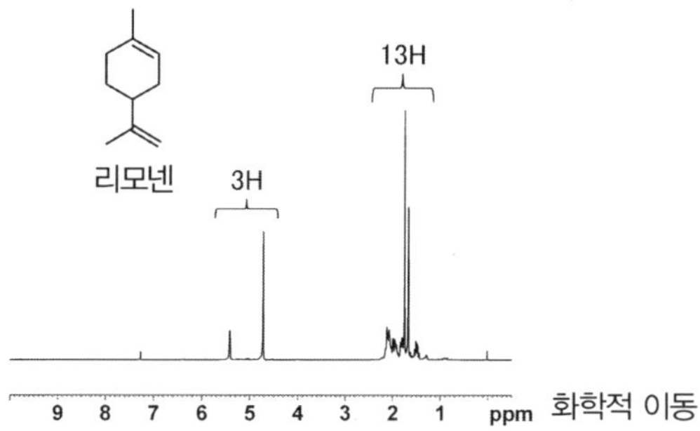

그림 1.37_리모넨의 ^{1}H NMR 스펙트럼(400MHz, $CDCl_3$)

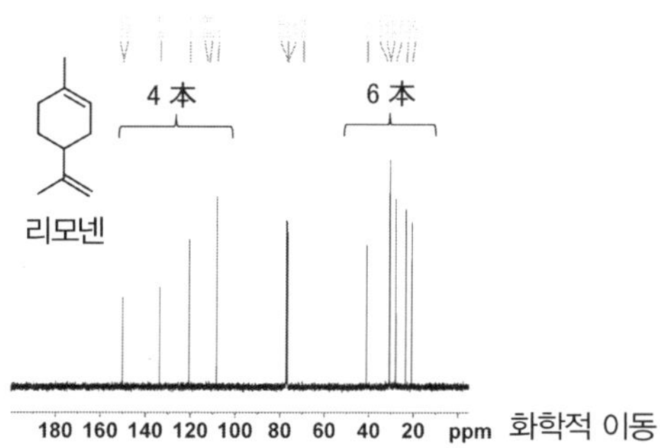

그림 1.38_리모넨의 ^{13}C NMR 스펙트럼(100.6MHz, $CDCl_3$)

NMR에서 가장 중요한 정보는 화학적 이동chemical shift이다. ^{1}H NMR 스펙트럼의 작용기별 화학적 이동을 그림 1.39에, ^{13}C NMR 스펙트럼의 작용기별 화학적 이동을 그림 1.40에 나타내었다. 화학적 이동(δ로 표기)은 1, 10, 100 등 무차원 값으로 표시한다. 예를 들어 δ 10.5 혹은 10.5 ppm으로 기재한다. 화학적 이동의 기준이 되는 화합물은 테트라메틸실레인, 즉 $(CH_3)_4Si$이다. 이 물질은 휘발성 화합물이며, 이 화합물의 양성자와 탄소의 화학적 이동을 0으로 하여 다른 화합물의 양성자와 탄소의 상대적인 화학적 이동을 결정한다. 화학적 이동으로부터 유기 분자

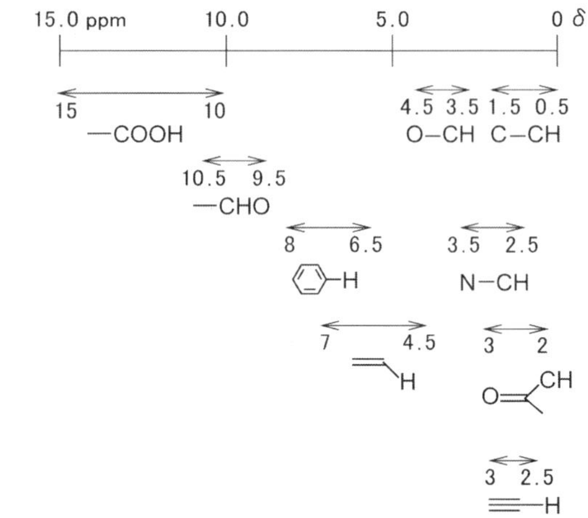

그림 1.39_^{1}H NMR 스펙트럼의 작용기별 화학적 이동

를 구성하는 수소 원자와 탄소 원자가 그 분자에서 어떤 단위 구조를 하고 있는지를 알 수 있다.

우선 ^{1}H NMR 스펙트럼에서의 화학적 이동을 보자. 그림 1.39에 있

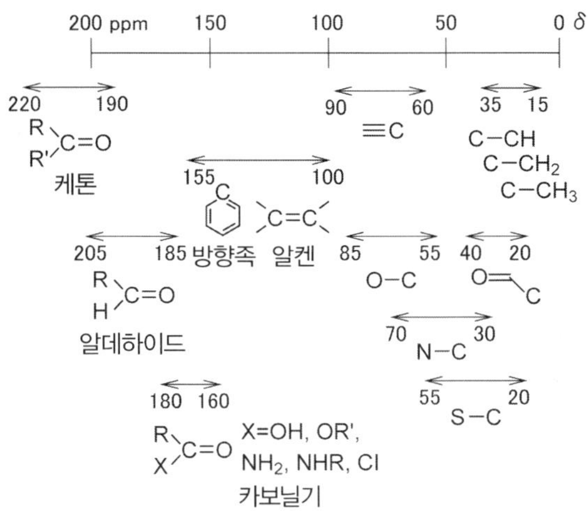

그림 1.40_^{13}C NMR 스펙트럼의 작용기별 화학적 이동

는 작용기별 화학적 이동을 통해, 화합물에 존재하는 수소들이 알킬alkyl기 수소인지, 올레핀olefin 수소인지, 또는 알데하이드에 있는 수소인지를 판단한다. 여기서 리모넨의 ^{1}H NMR 스펙트럼(그림 1.37)을 검토해보자. 그림에서 x축이 화학적 이동이며 2 ppm과 5 ppm 부근에서 흡수 피크가 관측된다. 이를 그림 1.39와 맞춰보면 알킬기의 양성자(수소) 혹은 올레핀의 양성자(이중 결합에 결합된 수소)가 존재함이 판명된다. 한편 ^{1}H NMR에서 흡수 면적(적분값이라 한다)은 양성자의 상대적인 수와 비례한다. 즉 5 ppm 부근의 2개 흡수 피크가 올레핀에 있는 3개 수소 원자(3H)에 의한 값이라면, 2 ppm 부근의 흡수는 적분값을 비교해보면 13개의 수소 원자(13H)에 의한 흡수임을 알 수 있다. 리모넨 구조식에서 볼 수 있듯이 확실히 두 종류의 올레핀 양성자가 총 3개 있고, 포화 탄화수소의 양성자 수는 13개이다. 이외에 결합 상수라는 값을 얻을 수 있으나 여기서는 생략한다. 상세한 것은 NMR 전문서를 참조하기 바란다.

여기까지 구조를 결정하는 방법을 간단히 기술하였지만, 향료 화학에서 ^{1}H NMR의 주된 용도는 화합물의 동정이다. 향료 분자는 대부분 알려져 있으며 그 NMR 데이터는 공개되어있는 데이터베이스로부터 쉽게 얻을 수 있다. 실제로 측정해서 얻은 미지 물질의 ^{1}H NMR 스펙트럼이 이미 보고된 물질의 데이터와 같으면, 거의 동일한 분자라고 할 수 있다.

여기서 "거의"라고 기술한 데는 이유가 있다. ^{1}H NMR을 측정하는 데 있어서, 많은 냄새 분자가 복수의 포화 탄화수소를 포함하기 때문에 수소 원자가 그림 1.37의 스펙트럼에서처럼 한 곳에 몰려 관측된다.

따라서 이 부분에서 흡수가 많이 일어나는 분자에 대해서는 분자를 구별해서 확인하기가 어렵다.

이때 ^{13}C NMR 스펙트럼이 중요한 역할을 한다. ^{13}C NMR 스펙트럼은 그림 1.38에 나타낸 것처럼 분자 구조를 구성하는 탄소 원자 하나가 한 개의 흡수 피크로 관측된다. 이를 그림 1.40의 화학적 이동 정보를 이용하여 분석하면, 올레핀 탄소(이중 결합 탄소)가 4개, 포화 탄화수소의 탄소가 6개로 총 10개의 흡수 피크가 관측됨을 알 수 있다. 이 ^{13}C NMR 스펙트럼 데이터도 공개되어 있는 데이터베이스에서 쉽게 입수할 수 있다. 데이터베이스에서 리모넨의 스펙트럼을 조사한 뒤, 10개 모두의 흡수 위치가 거의 일치하면 그 물질이 리모넨이란 것을 마침내 확인할 수 있다. 단, ^{13}C NMR 스펙트럼에서는 일반적으로 적분값이나 결합 상수에 대한 정보는 얻을 수 없다.

여기까지 설명한 것을 바탕으로 그림 1.41의 데이터를 보자. 그림 왼쪽에는 리모넨의 ^{1}H NMR 및 ^{13}C NMR 스펙트럼 그래프가, 오른쪽에는 레몬 껍질에서 추출한 냄새 성분을 측정한 데이터가 있다. 이들을 비교하면 레몬 껍질에 주성분인 리모넨이 함유되어 있음을 명확하게 볼 수 있다. 또 미량이지만 리모넨 이외의 성분이 있음도 관찰된다.

다음은, 여러 가지 감귤류로부터 얻은 추출물을 측정한 ^{1}H NMR 및 ^{13}C NMR 스펙트럼을 보자. 그림 1.42에는 일본 재래 감귤인 이요칸$_{\text{伊予柑}}$, 자몽$_{\text{grapefruit}}$, 레몬의 ^{1}H NMR과 ^{13}C NMR 스펙트럼을 나타내었다. 우선 모든 추출물의 냄새 성분에는 주성분으로 리모넨이 포함되어 있음을 알 수 있다. 또 잘 관찰해보면 각각의 흡수 스펙트럼이 미세하게 다르다. 이는 여기에 포함되어 있는 성분들에서 일어난 흡수가, 아주 작지만

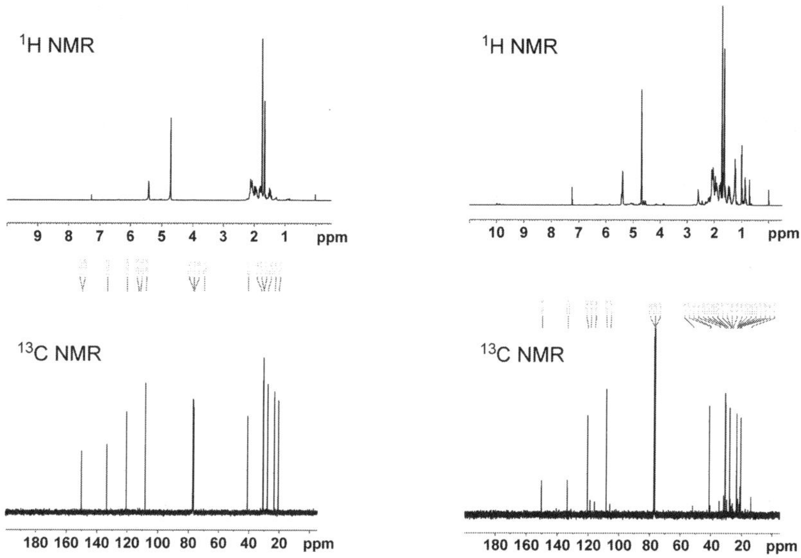

(a) 리모넨 (b) 레몬

그림 1.41_리모넨과 레몬 냄새 성분의 ¹H 및 ¹³C NMR 스펙트럼

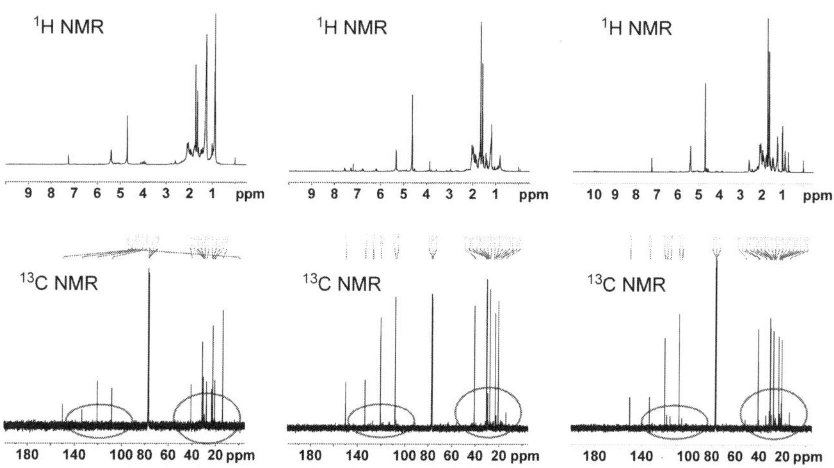

(a) 이요칸 (b) 자몽 (c) 레몬

그림 1.42_이요칸伊予柑, 자몽, 레몬 추출물의 ¹H 및 ¹³C NMR 스펙트럼

명확하게 다르다는 것을 의미한다. 즉, 각 시료에 포함되어 있는 미량 성분이 다르다. 레몬, 자몽, 이요칸은 각각 서로 다른 냄새를 가지고 있다. 이 미량 성분의 차이가 바로 이 세 종류 감귤에서 나는 냄새의 차이인 것이다. 이처럼 NMR을 사용함으로써 혼합물에 어떤 화합물이 포함되어 있는가에 대한 정보를 쉽게 얻을 수 있다.

1장은 여기서 마치지만, 아래에 기술한 두 개의 특징을 꼭 기억하기 바란다. 이 장에서 설명한, 유기 분자인 냄새 분자의 특징은 앞으로 나오는 장에서 설명하는 냄새 성분 추출이나 분석을 이해하는 데 중요하다.

① 냄새 분자는 친유성이다.

② 냄새 분자는 골격 구조와 작용기의 조합에 의해 분자 성질이 결정된다.

칼럼 1

아로마 수aroma water를 흔들면 냄새가 더 나는 이유는?

아로마 수aroma water란, 정유 등과 같은 냄새 성분을 포함한 물을 말한다. 물 외에도 에탄올이 첨가되어 있기도 하다. 이 아로마 수를 몸에 뿌리면 매우 강한 냄새를 풍긴다. 냄새 성분을 포함하고 있으니 냄새를 풍기는 것은 당연하다고 생각할지 모르겠다. 그러나 이처럼 강한 냄새를 내는 주된 원인은 냄새 분자의 성질에 있다. 이 장에서 설명한 것 같이 냄새 분자의 골격은 탄소 원자로 만들어져 기본적으로는 기름과 친한 성질을 갖고 있다. 즉, 냄새 분자는 친유성으로 기름에는 잘 녹으나 물에는 잘 녹지 않는다. 이런 성질이 없다면, 아로마 수를 흔드는 것만으로는 쉽게 냄새가 나지 않는다. 그렇다면 왜 이렇게 강한 냄새가 나는가? 그 이유를 생각해보자.

아로마 수 내부 모양을 분자 관점에서 보면 대강 **그림**과 같이 나타낼 수 있다. 냄새 분자와 물 분자는 말 그대로 '물과 기름'의 관계에 있으며 서로 친하지 않다. 즉, 많은 물 분자 속에 적은 수의 냄새 분자가 서로 단지 혼합되어 있는 상태가 된다. 냄새 분자는 물속에서 자리가 불편하므로 가능하면 물 분자로부터 도망치고 싶다. 그 때문에 아로마 수를 흔들면 냄새 분자가 물에서 튀어나와 공기 중으로 퍼지게 된다. 그래서 사람의 코에 있는 냄새 수용체에 도달하고, 그것이 뇌에 전달되어 우리는 강한 냄새를 느끼게 되는 것이다.

그렇다면 냄새 분자를 기름에 혼합하면 어떻게 될까? 기름 냄새는 나지만 냄새 분자의 냄새는 거의 나지 않게 될 것이다. 냄새 분자는 기름과 사이가 좋기 때문이다. 냄새 분자는 기름 속에 머물고 싶다.

그렇다면, 다음과 같이 생각할 수 있겠다. 만약 어떤 불쾌한 냄새가 난다면, 그 냄새 분자를 기름 속에 머무르게 해서 공기 중으로 나오지 않게 하면 어떨까? 이를 불쾌한 냄새가 나지 않게 하는 데 응용할 수 있지 않을까! 즉, 냄새 분자가 기름과 친하다는 점을 이용하면 불쾌한 냄새를 없애는 것이 가능할지도 모른다. 이렇게 냄새 분자의 친유성 성질을 생각해 보면, 냄새 분자가 아로마 수에 녹은 것이 아니라 단순히 섞여만 있다는 것을 알 수 있다.

또, 냄새 분자는 물에 잘 녹지 않기 때문에 아로마 수에 녹아있는 냄새 분자의 수도 그렇게 많지는 않다. 이것도 아로마 수와 같은 형태로 만드는 데 장점이 된다. 비록 좋은 냄새라 해도 너무 지나치게 강하면 불쾌감을 느끼기도 한다. 그러나 아로마 수는 기본적으로 냄새 분자를 많이 혼합할 수 없기 때문에 필연적으로 냄새 분자 수가 줄어 불쾌할 정도로 강한 냄새가 나는 경우는 없다. 즉, 물에 혼합함으로써 냄새가

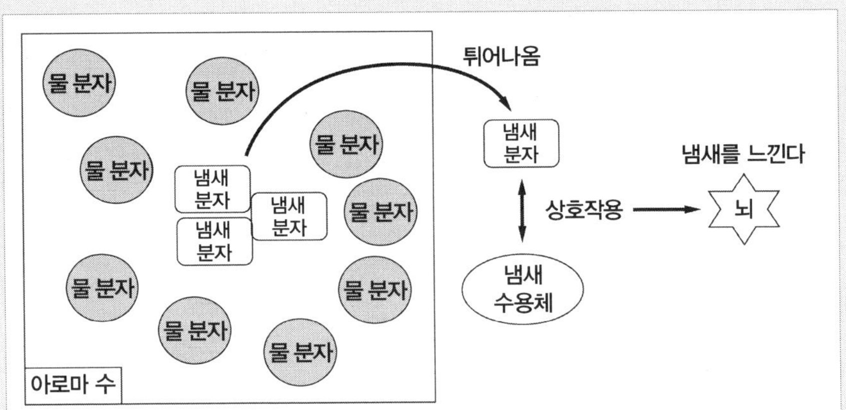

그림_아로마수에서 냄새 분자의 행동

보다 적절한 강도로 조절된다는 것이다.

결과적으로, 냄새 분자가 물과 사이가 나쁜 친유성 성질을 가지고 있는 것이 냄새에 있어서 얼마나 중요한가를 알 수 있을 것이다.

칼럼 2

운동으로 흘린 땀 냄새는 샤워로 없앨 수 있을까?

운동을 한 후에는 샤워를 하고 싶다. 특히 더운 여름철에 냉수로 샤워를 한다면 이 얼마나 기분 좋은 일인가! 샤워를 하고, 기분이 상쾌해져서, '이제 어디를 가볼까'하고 생각하는 사람이 있을 것이다. 그런데 여기서 잠깐 멈추고, 생각해야 할 일이 있다. 과연 땀 냄새는 샤워로 완전히 제거되었을까?

결론부터 말하면 샤워(특히 냉수 샤워)만으로 운동 후 땀 냄새를 완전히 없애는 것은 어렵다. 아니, 거의 없어지지 않는다고 보는 것이 타당하다. 이유는 땀 냄새의 근원이 되는 냄새 분자가 물에 녹기 어려운 친유성 성질을 가지고 있기 때문이다. 친유성이라는 것은, 냄새 분자가 기름과 같다는 것이다.

우리는 기름때를 없애기 위해서 어떻게 해야 하는가? 냉수만 사용해서는 기름이 잘 떨어지지 않는다는 것을 이미 잘 알고 있을 것이다. 따라서 더운물을 사용하든지 중성 세제를 사용해야 한다. 냄새 분자도 이와 같다. 땀 냄새는 몸에 붙은 냄새 분자가 원인이지만 이 냄새 분자를 몸에서 없애는 데는 단지 물로 하는 샤워만으로는 곤란하다. 땀 냄새의 근원이 되는 냄새 분자는 기름 성질이므로 물에 거의 녹지 않는다. 게다가 사람 몸의 표면은 친유성이다. (만약 사람 신체의 표면이 친수성이면 큰일 날 것이다. 비에 젖으면 사람의 몸이 녹아버릴 테니까!) 따라서 냄새 분자는 사람 몸의 표면에 붙어 있기를 좋아해서, 간단히 떨어지지 않는다. 더운물을 사용하면 냄새 분자를 조금은 몸에서 제거할 수 있을지 모르겠다. 그러나 조금이라도 냄새 분자가 남아있으면 싫은 냄새가 남아있게 된다. 그래서 샴푸나 비누 등을 사용해 냄새 분자를 몸에서부터 완전히 제거하는 방법을 써야 한다. 떨어진 냄새 분자는 샴푸나 비누에 포함되어 있는 계면 활성제의 힘으로 물에 녹게 된다. 결과적으로 땀 냄새의 근원인 냄새 분자가 사람의 신체로부터 없어져야 냄새가 나지 않게 되는 것이다.

한편 목욕탕에서 좋은 향을 내는 샴푸나 비누로 몸을 씻으면 탕에서 나올 때 몸에서 그 좋은 냄새가 난다. 이것은 어떻게 된 것인가? 이유는 샴푸나 비누 냄새의 근원인 냄새 분자가 땀 냄새의 원인이 되는 냄새 분자를 대신해서 사람의 몸에 부착되기 때문이다(**그림**). 자신이 좋아하는 향을 선택해 목욕을 즐기는 사람도 많다. 그런데 여기서 주의해야 할 일이 있다. 땀 냄새의 원인이 되는 냄새 분자를 몸에서 먼저 잘 씻어내지 않으면 모처럼 좋은 냄새가 나는 샴푸나 비누를 사용하여도 헛일이 될지도 모른다. 샴푸 냄새와 몸의 땀 냄새가 섞여버리기 때문이다. 과연 어떤 냄새가 나게 될까? 더 이상 상상하고 싶지는 않다.

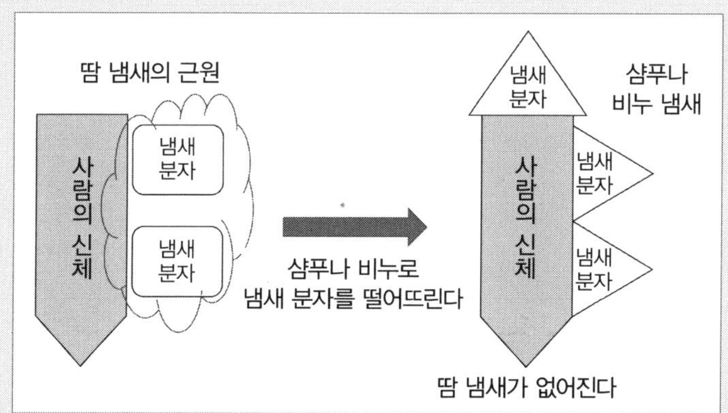

그림_샴푸나 비누의 좋은 냄새가 몸으로 옮겨지는 과정

2장

냄새 소재 연구의 기본

냄새 소재에서 나오는 냄새에 대한 연구란 구체적으로 무엇을 하는 것인가? 그리고 어떻게 연구하는 게 좋을까? 이 장에서는 우선 냄새를 연구하는 방법을 설명한다. 그리고 냄새 연구에서 중요한 요소인 냄새 성분을 찾아내는 방법, 냄새 성분 분석, 그리고 냄새 평가(관능 평가)에 대해 기본적으로 설명한다.

01 냄새 소재의 냄새 특성 해석

1. 냄새 소재의 냄새 특성 연구의 순서

우선 냄새 연구의 대상이 되는 냄새 소재에 대해 생각해보자. 냄새 소재로 생각되는 것을 보면,

과일(레몬, 오렌지, 바나나, 파인애플, 멜론 등)
채소(오이, 가지, 감자, 부추, 파 등)
꽃(장미, 벚꽃, 라벤더, 산딸나무, 매실 등)

등을 들 수 있다. 이들 외에도 종자, 잎, 나무 등 우리 주변에는 여러 가지 냄새 소재가 존재한다. 또 이들과는 별도로 생활환경에서 나는 냄새도 있다.

자동차 냄새
집안에서 나는 냄새
하천에서 나는 냄새

바다에서 나는 냄새

…

이들도 냄새 소재이다. 즉, 어떤 물건이나 장소에서 냄새가 난다면, 그 자체 혹은 그 장소를 냄새 소재라 할 수 있다. 그렇다면 이 냄새 소재의 냄새를 어떤 순서로 검토하면 좋을까? 그 개요를 그림 2.1에 나타냈다.

어떤 냄새를 감지할 때, 우선 생각할 수 있는 것은 냄새 그 자체를 포집하는 일이다. 즉, 냄새 소재로부터 발생하는 냄새 그 자체(실제로 냄새 성분)를 끄집어내는 일(추출, 포집)이 냄새 연구의 첫 단계이다. (그러나 이는 상당히 어렵다. 냄새 소재로부터 냄새 성분을 얻는 방법에 대해서는 나중에 자세히 설명한다.) 그렇게 찾아낸, 혹은 포집한 냄새가 어떤 냄새 특징을 보이는지를 사람의 후각으로 평가한다. 이것이 소위 관능 평가이다. 이 관능 평가는 냄새 연구에 있어서 가장 중요한 단계이다. 냄새 소재로부터 냄새 성분을 포집한 경우, 그 포집물(냄새 성분군)이 조사하고자 하는 냄새 소재의 냄새 특징을 갖고 있는지 사람의 후각으로 관능 평가를 하는 것이다.

그렇다면 다음 단계는 무엇인가? 1장에서 설명한 것 같이, 냄새의 근원은 냄새 분자(냄새 성분)이다. 따라서 관능 평가로 얻은, 냄새를 발현

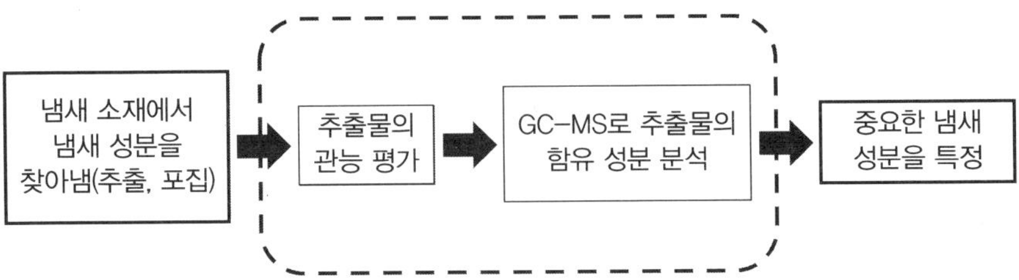

그림 2.1_냄새 소재에 있는 냄새 성분을 분석하는 순서

하는 냄새 성분은 반드시 존재하게 된다. 그렇다면 어떤 냄새 성분인가? 이를 알기 위해 일반적으로 기체 크로마토그래피$_{\text{Gas chromatography}}$(GC) 분석장치가 사용된다. 즉, 관능 평가라고 하는 사람의 힘과 분석기기에 의한 분석이라는 두 단계를 거쳐 비로소 냄새 소재에 대한 연구가 진행되는 것이다. 관능 평가 데이터와 GC로 얻은 데이터로부터 냄새의 원인을 탐색하거나, 소재의 냄새 특징을 밝힐 수 있다. 이것이 냄새 연구이다.

2. 냄새 소재로부터 냄새 성분을 추출하는 방법

냄새 소재로부터 냄새 성분을 추출하려면, 냄새 성분이 어디에 있는가를 우선 생각해야 한다(그림 2.2). 냄새 소재의 냄새는 그 소재 주변에 있고, 우리는 소재로부터 풍겨 나오는 냄새 성분을 인지하는 것이다. 이 소재 부근의 공간을 head space라 하며, 이 공간의 냄새를 head space 향이라고 한다. 장미 같은 꽃의 냄새, 오렌지 냄새, 커피 냄새 등 head

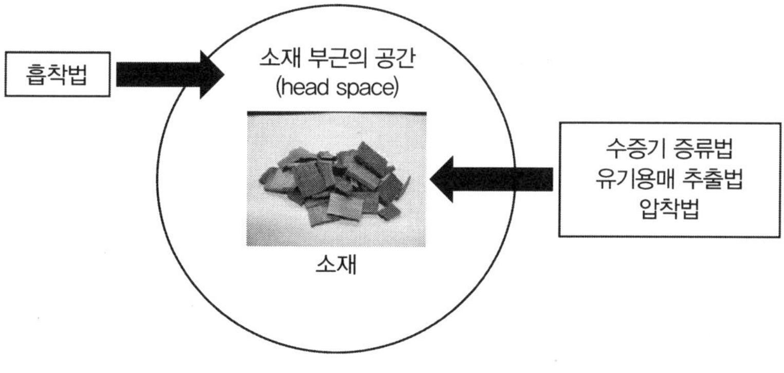

그림 2.2_냄새 성분이 있는 곳과 포집 방법

space 향기는 우리 주변의 냄새라 해도 좋다.

이런 공간의 냄새를 포집하기 위해서는 흡착제를 사용한 흡착법이 사용된다. 이렇게 얻은 냄새 성분을 가열, 유기용매에 의한 용해 등으로 수집하고 분석하게 된다. 이 흡착법은 대기大氣에 존재하는 냄새 성분을 포집하는 데도 사용된다. 냄새가 나는 공기를 포집 자루에 모으고, 존재하는 냄새 성분을 흡착제에 흡착시켜 잡아낸 후에 같은 방법으로 분석한다. 다만 대기를 분석하는 경우에는, 냄새 성분의 농도가 아주 적은 경우가 많아 고감도 분석법을 사용한다.

head space나 대기 중에 존재하는 냄새 분자는, 냄새 소재의 냄새 근원에서부터 나온다. 따라서 냄새 소재로부터 직접 냄새 성분을 포집한다면, head space법으로 처리하는 방법에 비해 상당히 높은 농도로 냄새 성분을 얻을 수 있다. 그 대표적인 방법으로는 유기용매 추출법과 수증기 증류법이 있다. 이외에도 과실 등과 같은 냄새의 경우에는 압착법을 사용하기도 한다. 즉, 포집 대상에 따라 여러 가지 방법으로 냄새 성분을 추출한다. 여기서는 기본적인 냄새 성분 포집 방법으로 head space법, 유기용매 추출법, 수증기 증류법에 대해 설명한다.

[1] Head space법(head space 향을 포집하는 방법)

일상생활에서 커피나 녹차 패키지package를 여는 순간에 나는 냄새는 확실히 head space 향이다. 그러나 패키지를 열고 그대로 방치하면 냄새 성분은 확산되어 날아가므로 냄새 분자를 포집하는 것은 어렵다. 높은 효율로 head space 향을 포집하기 위해서는 소재를 밀폐된 공간에 놓아야 한다. 그림 2.3에 나타낸 것처럼 소재를 병이나 비닐 봉투로

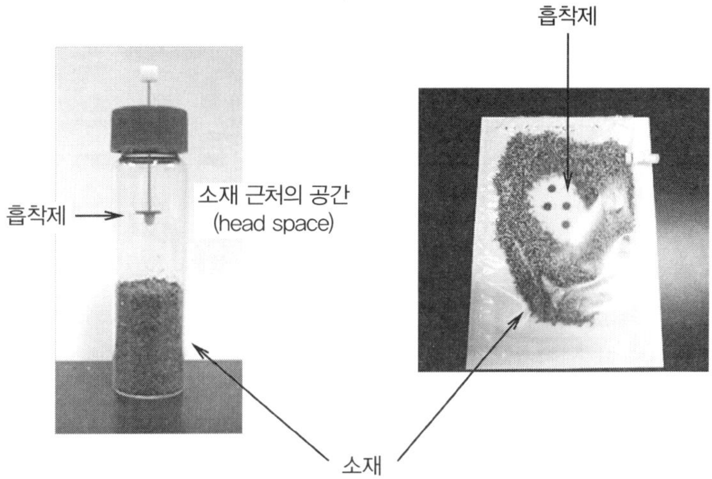

그림 2.3_head space 향기 성분을 흡착법으로 포집

봉하고 동시에 냄새 흡착제도 넣어둔다. 그리고 실온 혹은 조금 온도를 올려서 보다 많은 냄새 성분이 휘발할 수 있는 조건을 만든 뒤, head space 향기를 포집하면 된다. 흡착제에 냄새 성분을 충분히 흡착시킨 후에는 유기물을 잘 녹이는 클로로폼chloroform 같은 용매를 사용하여 흡착제로부터 냄새 성분을 추출한다. 이후 GC나 NMR 등의 분석기기로 분석할 수 있다.

[2] 유기용매 추출법

1장에 기술한 것처럼 냄새 분자는 기본적으로 친유성 성질을 갖고 있다. 따라서 헥세인hexane과 같은 친유성 유기용매로 추출하는 것이 논리에 맞는다. 물론 에탄올이나 클로로폼 등의 유기용매를 사용해도 충분히 냄새 성분을 추출할 수 있다. 그러나 이들 용매 특히 에탄올은 친수성 성질도 있어 냄새 성분 이외의 친수성 성분도 추출된다. 또 클로로로

그림 2.4_유기용매 추출법으로 소재로부터 냄새 성분 추출

폼은 여러 가지 유기 분자를 녹이는 성질이 있어 냄새 성분 이외의 성분도 같이 추출되어 나올 가능성이 있다. 따라서 냄새 성분만을 선택적으로 추출하기 위해서는 가능한 한 헥세인 등의 유기용매를 사용한다.

실제 헥세인에 의한 냄새 성분 추출 방법은 소재와 헥세인을 혼합, 교반하는 간단한 조작이다. 단, 냄새 소재는 보통 고형물이기 때문에, 추출효율을 높이기 위해서 소재를 아주 곱게 분쇄해서 사용하는 것이 바람직하다. 그림 2.4의 예에서는 삼각 플라스크에 소재와 헥세인을 넣고 수 시간부터 수일간에 걸쳐 교반한다(그림의 왼쪽). 소재가 감귤류인 경우에는 껍질 부분의 입상粒狀이 보이는 곳에 냄새 성분이 많이 포함되어 있다. 이 껍질을 1 cm x 1 cm 크기로 잘라 그림의 오른쪽같이 비커에 넣고, 여기에 헥세인을 넣은 뒤, 시약 주걱spatula 등으로 껍질을 짓누르며 섞으면 냄새 성분을 쉽게 추출할 수 있다.

헥세인을 사용해 냄새 성분을 추출하면, 냄새 성분을 포함한 헥세인 추출액이 얻어진다. 여기서 다시 그림 2.5에 나타낸 것 같은 공정으로

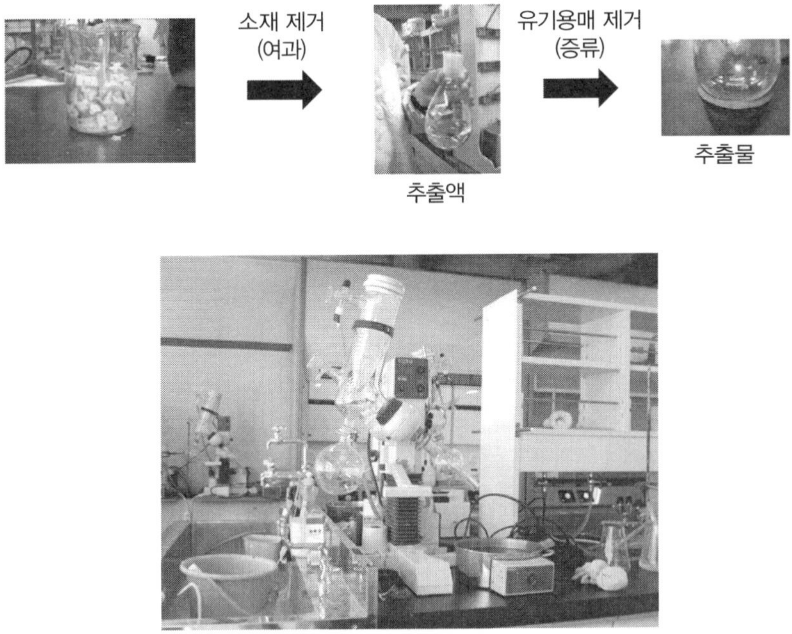

회전식 증발기

그림 2.5_유기용매 추출액에서 냄새 성분 추출

회전식 증발기rotary evaporator(감압하에서 용매를 제거하는 장치)를 사용해 헥세인을 제거하면, 기름 상태의 냄새 성분을 얻을 수 있다. 유기용매 추출법에서는 유기용매인 헥세인을 제거해야 하는데, 헥세인보다 끓는점이 낮은 냄새 성분은 헥세인을 제거하는 과정에서 먼저 끓어서 날아가므로 얻을 수 없다. (그런 성분을 추출하기 위해서는 head space법을 사용한다.) 이 방법은 용매를 제거하는 과정을 거치므로, 끓는점이 높은 유기용매를 사용할 수 없다는 단점이 있다. 헥세인의 끓는점은 약 70℃로 냄새 소재에 포함되어 있는 많은 냄새 성분의 끓는점(약 150℃)보다 현저히 낮다. 이 때문에 헥세인을 제거하는 과정에서 냄새 성분이 없어지는 경우가 적어 최적의 유기용매라 할 수 있다.

[3] 수증기 증류법

수증기 증류법에 대해 보자. 이것은 문자 그대로 수증기를 이용한 추출 방법이다. 앞에 기술한 두 방법보다는 상당한 고온에서 추출하기 때문에, 끓는점이 낮은 냄새 성분이 손실되거나 함유 성분이 변질될 가능성이 가장 높은 방법이다. 그런데도 소재로부터 정유를 얻는 데 많이 사용되고 있는데, 그 이유로는 두 가지를 들 수 있다. 하나는 사람에게 해가 없는 물만 사용하는 방법이라는 점이다. 유기용매는 기본적으로 인체에 유해한 물질이다. 따라서 유기용매 추출법은 수증기 증류법에 비해 인체에 사용하는 정유를 만드는 데는 바람직하지 못하다. 두 번째는 조작이 쉬울뿐더러 많은 양의 정유를 얻을 수 있다는 점이다. 인체에 미치는 해를 생각해볼 때 head space법도 무해한 방법이지만, head space법은 원래 분석을 위한 방법이므로 수증기 증류법만큼 많은 양의 정유를 얻을 수가 없다.

실험실에서 사용하는 수증기 증류법 장치를 그림 2.6에 나타내었다. 이 방법으로 냄새 성분이 포함된 물이 얻어진다. 대량으로 추출하는 경우에는 물과 정유가 자연히 분리되고, 이것을 분액하는 것으로 간단히 정유를 얻을 수 있다(공업적으로는 이렇게 해서 정유를 얻는다). 그러나 실험실 규모와 같이 적은 양의 냄새 추출물에서는 명확하게 분리하는 것이 어렵다. 따라서, 대부분은 얻어진 냄새 성분을 포함한 물로부터 헥세인으로 냄새 성분을 추출하고, 이후 회전식 증발기로 헥세인을 제거해서 정유를 얻는다.

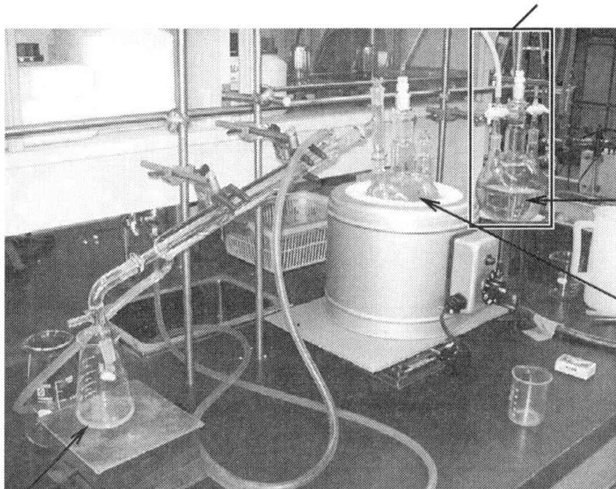

그림 2.6_수증기 증류법으로 냄새 성분 추출

02 냄새 소재의 냄새 성분 분석 방법

1. 기체 크로마토그래피를 사용한 냄새 분석

냄새 소재로부터 얻어진 추출물(포집물)의 성분을 분석하는 데는 보통 기체 크로마토그래피(GC)가 사용된다. 이 장치는 냄새 성분 분석 이외에도 널리 이용되고 있다. 또 검출에는 일반적으로 FID 검출기flame ionization detector, 불꽃 이온화 검출기가 사용된다. 이 FID 검출기에 더해서 냄새 연구 분야에서는 후각 측정기olfactometer도 검출에 사용된다. GC 분석장치에 이 냄새 맡는 장치를 부착한 것을 GC-O로 간단히 줄여 말한다. 이 장치는 냄새 연구 분야에는 필수 장치이다.

그림 2.7에 보이는 장치가 GC-O이다. 점선으로 둥글게 표시한 곳이

그림 2.7_후각 측정기가 부착된 기체 크로마토그래피(GC-O)

GC에 의해 분리된 여러 냄새 성분이 분출되는 곳이다. 이 분출된 냄새를 실제로 맡아보고, 사람의 후각으로 냄새 성분을 검출하도록 한다. 이외에도 여러 가지 검출 방법이 고안되고 있으나 냄새 연구에서는 이 GC-O에 더하여 질량 분석기mass spectrometer도 사용된다. 질량 분석기를 사용함으로써 각 피크peak가 어떤 화합물에 의한 것인가를 결정할 수 있다. GC 분석장치에 MS를 조합한 것은 GC-MS라 간단히 부른다. 이 분석법을 사용한 냄새 성분 분석에 대한 예는 나중에 기술한다.

이제부터는 중화요리 재료 중 하나인 스타아니스star anise, 팔각 성분을 예로 들어 GC-O 분석을 설명한다. 스타아니스는 *Illicium verum*이라는 식물의 열매를 말린 향신료이다. 특징적인 모양과 향기를 갖고 있다. head space법(그림 2.3의 왼쪽에 나타낸 방법)으로 스타아니스에서 얻은 head space 포집물의 GC-O 그래프를 그림 2.8에 나타내었다.

스타아니스 정유의 주요 성분은 (*E*)-아네톨(*E*)-anethole이라는 방향 고

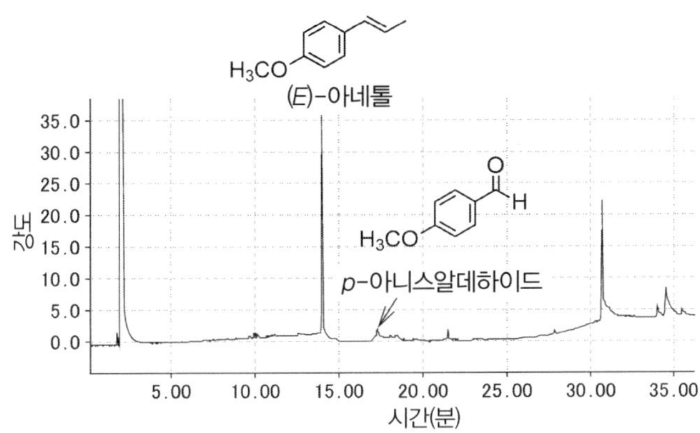

그림 2.8_스타아니스로부터 추출한 head space 포집물의 GC-O 그래프

리를 갖는 화합물이며, 그 냄새도 아니스anise와 같다고 기록되어있다. 이것이 크로마토그램chromatogram(크로마토그래피에서 얻은 그래프를 말함)에서 가장 큰 피크를 나타내는 성분이다. (이 피크의 상대적인 크기로부터, 정유에서의 함유량이 압도적으로 높은 것을 알 수 있다.)

그 오른쪽 피크는 *p*-아니스알데하이드*p*-anisaldehyde이다. GC-O를 사용해 이 피크로 나타나는 성분의 냄새를 직접 맡아보면 시럽 같은 달달한 냄새가 난다. 이 외의 냄새 성분들도, 각 피크에 대하여 냄새의 유무와 특징을 GC-O로 확인할 수 있다. 또 GC-MS에 의해서 여기에 나타낸 2개 화합물 이외의 화합물도 확인할 수 있다. 이처럼 GC 측정으로부터 추출물에 몇 종류의 성분이 포함되어 있는가를 알 수 있을 뿐 아니라, 각 피크의 면적비로부터 함유 성분의 함유비에 관한 정보도 얻을 수 있다. 이 방법으로 얻는 함유비는 정확하지는 않으나 경향을 아는 데는 충분하고, 논문에 함유량을 나타내는 데도 사용한다. 정확한 함유비를 구하기 위해서는 검정선Calibration curve을 구하는 등, 별도의 분

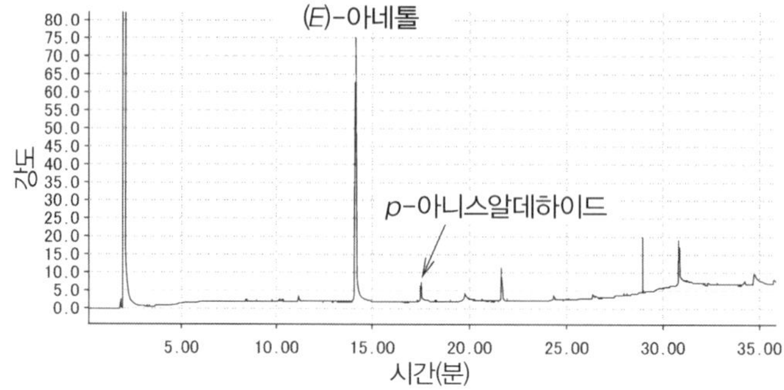

그림 2.9_스타아니스의 헥세인 추출물의 GC-O 그래프

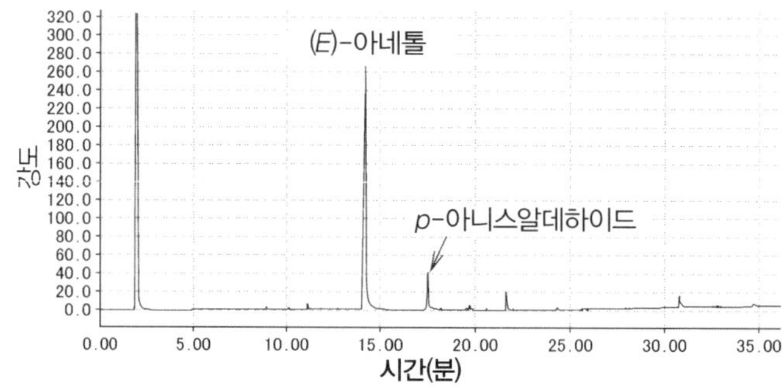

그림 2.10_스타아니스의 수증기 증류물의 GC-O 그래프

석이 필요하다.

다음으로 헥세인 추출법과 수증기 증류법으로 얻은 스타아니스 추출물의 GC-O 그래프를 그림 2.9와 그림 2.10에 나타내었다. 이들을 관찰하여 알 수 있는 것은, 중요한 2개 성분의 함유비가 그림 2.8에서 보인 함유비와 명확하게 다르다는 것이다. 또 그 이외의 성분도 다르게 나타나는 것도 볼 수 있다. 다른 방법으로 추출한 추출물을 비교해보면, 특히 (*E*)-아네톨과 *p*-아니스알데하이드의 성분 구성이 다름을 볼 수 있다. 한편 관능 평가에서도 이 세 개 추출물들의 냄새가 다르게 나

왔다. 이들 데이터로부터, 실제로 냄새를 맡았을 때 느끼는 냄새의 차이와 함유 성분이 다름을 관련시킬 수 있다.

2. 핵자기공명법을 사용한 냄새 분석

앞의 GC-O 분석에 사용된 스타아니스로부터 세 개의 다른 방법으로 얻은 냄새 포집물을 ^{1}H NMR로 분석한 스펙트럼을 그림 2.11~2.13에 나타내었다.

세 개의 ^{1}H NMR 스펙트럼을 잘 보면, 흡수 위치와 모양이 매우 유사한 것을 일목요연하게 알 수 있다. 또 자세히 관찰해보면 포집물에 포함된 모든 성분 중 한 종류의 화합물이 반 이상을 차지하고 있음을 알 수 있다. 이 결과는 앞의 GC-O 분석 결과와 일치한다. 또 스펙트럼을 상세히 보면, 주성분이 (*E*)-아네톨임이 추정된다. 이 화합물은 잘 알려진 것이기 때문에 그 스펙트럼 자료는 문헌에서 구할 수 있다(그림 2.14). 입수한 스펙트럼과 그림 2.11~2.13의 스펙트럼을 비교함으로써 확실히 (*E*)-아네톨이 함유되어 있음을 결정할 수 있다.

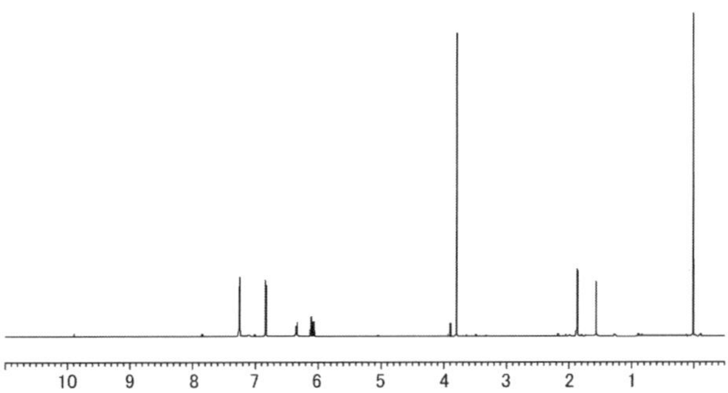

그림 2.11_스타아니스의 head space 포집물의 ^{1}H NMR 스펙트럼 (500 MHz, $CDCl_3$)

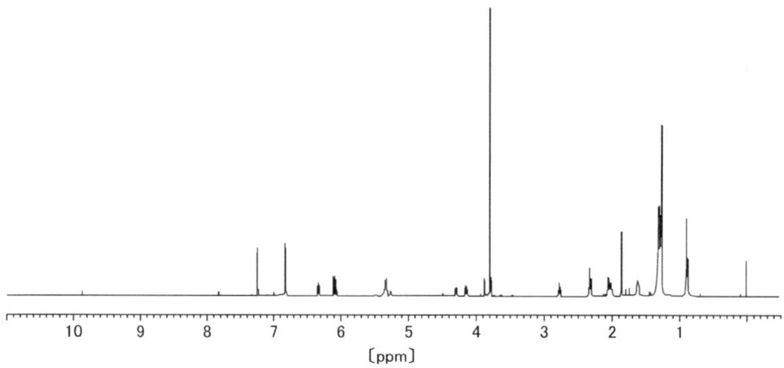

그림 2.12_스타아니스의 헥세인 추출물의 ^{1}H NMR 스펙트럼 (500 MHz, $CDCl_3$)

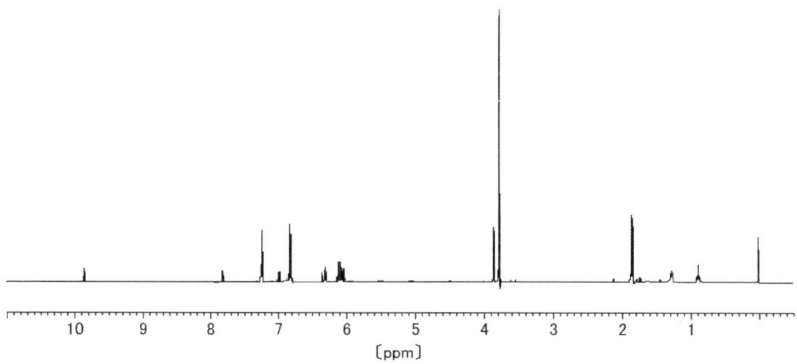

그림 2.13_스타아니스의 수증기 증류물의 ^{1}H NMR 스펙트럼 (500 MHz, $CDCl_3$)

또 그림 2.11~2.13의 스펙트럼을 잘 보면 (*E*)-아네톨 이외의 흡수도 관측된다. 특히 그림 2.13의 10 ppm 부근에 확실한 흡수가 보인다. 이 흡수는 알데하이드에 있는 양성자에 의한 흡수이다. 즉, 추출물에 알데하이드 화합물이 있음을 나타낸다. 스타아니스 정유에는 *p*-아니스알데하이드도 포함되어 있음이 보고되고 있으며, 앞의 GC-MS의 결과로부터도 이를 지지하고 있다. *p*-아니스알데하이드도 이미 알려진 화

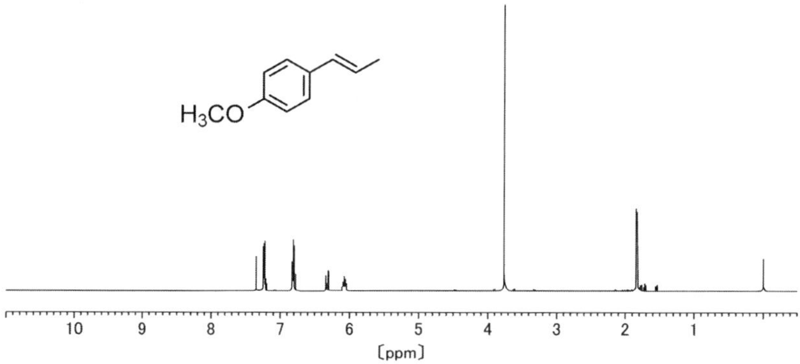

그림 2.14_(*E*)-아네톨의 ^{1}H NMR 스펙트럼(500 MHz, $CDCl_3$)

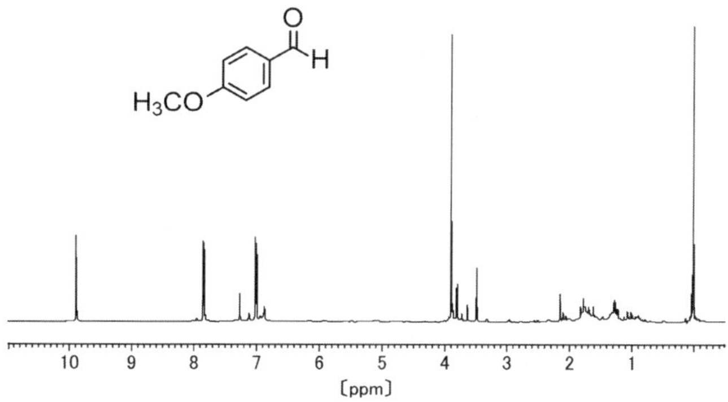

그림 2.15_*p*-아니스알데하이드의 ^{1}H NMR 스펙트럼(500 MHz, $CDCl_3$)

합물이고, 그림 2.15에 그 스펙트럼을 나타내었다. 스타아니스의 ^{1}H스펙트럼에서 7, 8 ppm 부근에 흡수가 존재하는 것으로 보아 3종류의 추출물에 이 *p*-아니스알데하이드도 포함되어 있는 것을 알 수 있다.

또 같은 결과를 ^{13}C NMR 스펙트럼으로도 확인할 수 있다. 그림 2.16에 스타아니스의 헥세인 추출물의 ^{13}C NMR 스펙트럼을 나타내었다. 그림 2.17에는 (*E*)-아네톨을, 그림 2.18에는 *p*-아니스알데하이드의 스

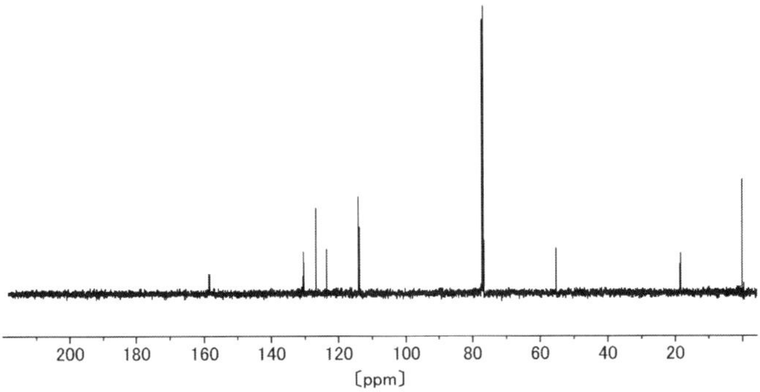

그림 2.16_스타아니스 헥세인 추출물의 ^{13}C NMR 스펙트럼 (125 MHz, $CDCl_3$)

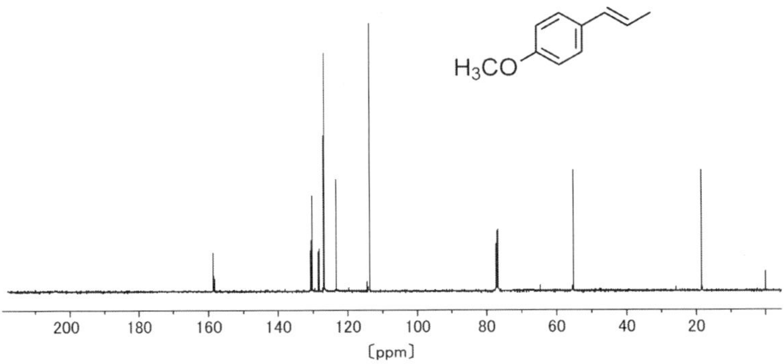

그림 2.17_(E)-아네톨의 ^{13}C NMR 스펙트럼 (125 MHz, $CDCl_3$)

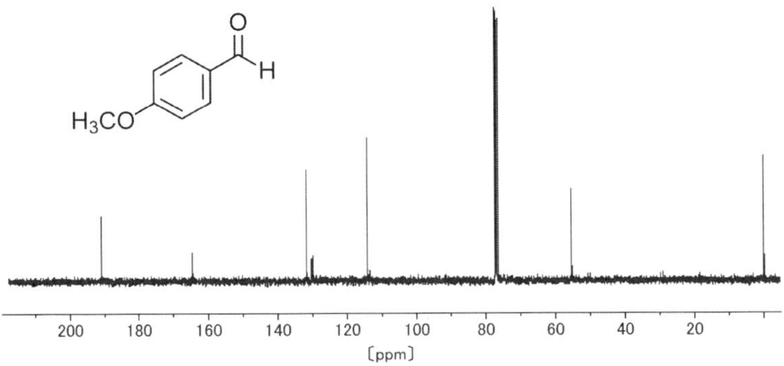

그림 2.18_*p*-아니스알데하이드의 ^{13}C NMR 스펙트럼 (125 MHz, $CDCl_3$)

펙트럼을 나타내었다. 알데하이드는 함유량이 낮기 때문에 ^{13}C NMR 스펙트럼에서는 흡수가 작게 나타나 있다. 따라서 스펙트럼을 확대해서 잘 관찰해야 한다. 비록 양이 적지만, 앞의 ^{1}H NMR 결과로부터 그 존재가 이미 추정되어 있기에 쉽게 관찰할 수 있다.

03 관능 평가의 기초

1. 냄새 소재 연구에서 관능 평가란

사람은 자기 주변에 있는 정보를 얻는 5개의 감각을 갖고 있다. 이를 오감이라고 하며, 구체적으로는 촉각, 청각, 시각, 미각, 그리고 후각이 있다(그림 2.19). 이 중 후각에 대해서는 아직까지도 기기에 의한 정량화가 이루어지지 않고 있다. 냄새를 감지하는 구조(후각 메커니즘)가 매우 복잡하기 때문이다. 그 때문에 냄새 연구에 있어서 관능 평가를 중요하게 다루고 있다. 후각 메커니즘에 대해서는 다음 장에서 자세히 설명한다.

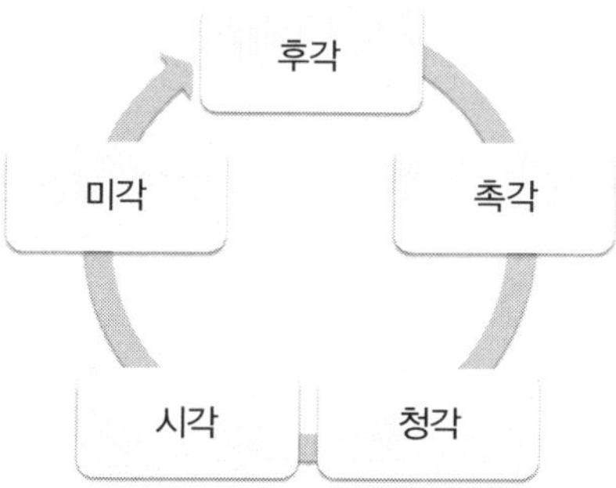

그림 2.19_사람의 오감

관능 평가 방법으로 냄새를 평가할 때 문제가 되는 것은 '개인차'이다. 그 사람이 지금까지 경험해 온 것이라든가, 어떤 환경에서 생활하고 있는가 등 여러 가지 인생 경험이 냄새를 인지하는 데 크게 영향을 미친다. 또 인종이나 성별, 연령에 따라서도 인지하는 것이 다르다. 사람이 냄새를 인식하는 데에는 수많은 요소가 연결되어 있기 때문이다. 비록 이런 문제가 있기는 하지만, 많은 사람이 공통적으로 인식할 수 있는 관능 평가는 아직까지 필요하다고 여겨진다.

그러면 이를 수행하기 위해서는 어떻게 해야 할까? 우선 관능 평가를 하는 사람(평가자)을 어떻게 선출하는가에 따라서 평가 방법을 바꾸는 것이 하나의 방법이다. 평가자들을 다음 두 그룹으로 나눠 생각할 수 있다.

(그룹 A) 훈련된 사람들
(그룹 B) 훈련되어있지 않는 일반인

(그룹 A)에 대해 생각해보자. 훈련된 사람이라 해도 그 수준에는 차이가 있다. 여기서는 상식적으로 생각해서, 냄새 평가에 전문적으로 관여하고 있는 사람을 말한다. 구체적으로는 향료, 화장품, 식품, 음료 등 향기 평가에 종사하는 사람을 의미한다. 비록 훈련되었다고는 해도, 주로 연관되어 있는 냄새 소재에 따라 경험치가 달라지므로 모든 냄새를 평가하는 것은 어렵다. 요컨대 그들은 어디까지나 각각의 분야에서 향기를 평가하는 전문가specialist이다.

한편 (그룹 B)의 경우는 (그룹 A)에 비교해 개인차가 상당히 크다고 할 수 있다. 그래서 과연 어떤 일반인 집단을 선택해야 하는지를 잘 결정해야 한다. 예를 들면 "20~30세의 남성만을 선출한다" 등이 될 것이다. 또 그 집단 중 몇 명의 사람들로 관능 평가를 수행하도록 하고, 그 결과를 통계학적으로 처리하고, 그 평가의 신뢰성도 계산해야 한다.

그렇다면 일반적인 연구 활동(훈련된 사람들의 존재를 담보할 수 없는 경우)에서 어느 누가 해도 같은 평가 결과를 얻기 위해서는 어떻게 하면 좋을까? 이를 위해 염두에 두어야 할 점은 다음과 같다.

① 절대적인 평가를 하지 않는다. 즉, 소재의 냄새 특징(달다든가 시원하다든가 등을 말하는 것)에 대한 관능 평가는 참고 정도로만 하고, 연구하는 냄새의 시험 결과를 고찰하는 데는 사용하지 않는다. 관능 평가는 냄새에 관한 산업계에서는 가장 중요한 평가이지만, 앞에 기술한 바와 같이 이 평가에는 그 분야에서 훈련이 필요하기 때문이다.

② 위에 기술한 대로 한다면, 도대체 어떤 관능 평가를 수행해야 하는가? 답은 양자택일에 의한 상대평가를 하는 것이다. 예를 들면 A라고 하는 냄새 소재가 있다고 하자. 그에 대하여 B라고 하는 포집물과 C라고 하는 포집물이 있는 경우, B와 C 어느 쪽이 A의 냄새와 가까운가를 평가하는 것이다. 즉, 그 차이만 보는 것이다.

③ 위에서 추천한 대로 하는 경우, 또 하나 중요한 것이 있다. 연구대상이 되는 냄새 소재나 냄새 분자에 있어서, 냄새 차이가 애매한 계系에 대해서는 검토하지 않는다. 극단의 계, 즉 아주 유사한지, 그렇지 않은지 확실한 계들만 모아서 검토한다. 애매한 계에 대해서는 극단의 계에서 얻어진 결과로부터 논리적으로 유도하도록 한다.

4장과 5장에 소개한 구체적인 연구는, 위에 기술한 것을 염두에 놓고 검토한 결과로 얻어진 것이다.

2. 냄새 소재 연구에서 관능 평가 방법

여러 가지 관능 평가 방법이 제안되고 있지만, 여기서는 가장 간단한 관능 평가에 대해 설명할 것이다. 우선 관능 평가를 수행하는 순서를 정리했다.

1. 소재와 그 추출물에 대해 냄새 특징을 나타내는 언어를 찾아낸다.
2. 선택한 언어를 사용하여 미리 준비한 평가지에 각각의 향기를 평가한다. 또 상호유사성에 대한 향기 평가도 진행한다.
3. 얻어진 결과를 종합하여 그래프graph로 표시한다.
4. 얻어진 그래프를 사용하여 냄새 특징에 대하여 검토한다.

관능 평가를 하는 첫 단계는 관능 평가를 하는 대상물의 냄새 특징을 표시하기 위한 적절한 언어를 선택하는 것이다. 언어를 선택하는 데 있어 중요한 것은, 선택한 말에 대해 평가자들 사이에 공통적인 인식이 있어야 한다는 점이다. 이것은 의외로 어렵다. 달콤, 상쾌, 우디woody 등의 말을 쓰고 있어도 사람에 따라서 그 말이 갖는 의미의 느낌이 다르다. 그 차이는 관능 평가에서 다르게 나타나게 된다. 따라서 냄새를 표현하는 언어를 선택할 때는 가능한 한 구체적으로 하는 것이 좋다. 예를 들면, '파인애플과 같은 단맛이 나는 냄새'라고 하여도 표현이 상당히 다르다. 그러나 앞에 기술한 냄새 소재가 갖는 냄새 특징에

관능 평가

실시일시 년 월 일 시 분~ 시 분 날씨

이름

시료명

나무 조각과 유사성	유사하다 6	5	4	3	2	유사하지 않다 1	
헥세인 추출물과 유사성	유사하다 6	5	4	3	2	유사하지 않다 1	
수증기 증류물과 유사성	유사하다 6	5	4	3	2	유사하지 않다 1	
향기의 강도	강하다 6	5	4	3	2	약하다 1	
단맛	강하다 6	5	4	3	2	약하다 1	없음 0
우아함	강하다 6	5	4	3	2	약하다 1	없음 0

그림 2.20_ 냄새의 관능 평가를 위해 사용하는 평가지의 예

대한 평가와 같이, 참고 정도로 한다는 방침이라면 굳이 언어를 선택할 필요는 없다. 어떤 기준에 의한 소재의 냄새 차이에 대해서만 평가해도 충분하기 때문이다.

언어를 선택한 후에는 평가 순서 2에 있는 것처럼 평가지를 작성하고, 그 평가지에 따라 평가한다. 평가지의 예를 그림 2.20에 나타내었다. 이 평가지에서는 냄새를 6개 항목에 대해 6단계로 평가하도록 하고 있다. 첫 항목에 있는 시험 시료인 나무 조각木片과의 유사성을 보자. 두 개의 추출물 A, B에 대하여 냄새 유사성을 평가하면서 우선 A와 B, 어느 쪽이 더 시험 시료와 유사한가를 평가한다. A 쪽이 유사한다면 그 유사도를 6단계 중 어디에 해당하는지 평가한다. 그리고 그 A의 평가에 대하여 B의 유사도가 어느 정도인지를 평가한다. 나중에는 그 이외의 항목, 예를 들면 단맛에 대해서도 같은 방법으로 평가한다.

이상의 순서로 얻어진 평가 결과를 정리하여 최종적으로 그림 2.21이나 그림 2.22와 같이 그래프로 표시한다. 이렇게 함으로써 정성적인 관능 평가를 알기 쉽게 표현할 수 있다.

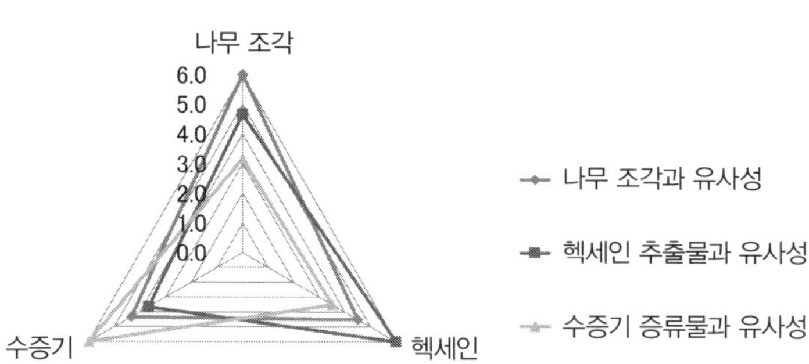

그림 2.21_냄새의 관능 평가 실험 결과 예(1)

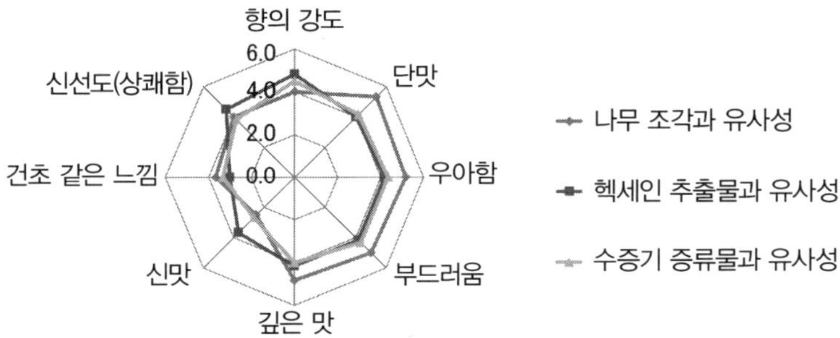

그림 2.22_냄새의 관능평가 실험 결과 예(2)

3. 관능 평가와 냄새 성분 분석의 제휴提携

알고자 하는 냄새 소재의 냄새 특징을 명확하게 알기 위해서는 지금까지 기술한 관능 평가와 냄새 성분 분석, 양쪽의 데이터가 모두 필요하다. 관능 평가 결과로부터 성분 분석 결과를 검토한다. 그리고 새로운 관능 평가가 필요하다면 또 시행한다. 또는 성분 분석 결과로부터 어떤 관능 평가가 필요한가를 생각하고, 거기에 따라서 새로운 관능 평가를 수행한다. 이처럼 관능 평가와 냄새 성분 분석 결과를 상호 연계하여 검토하는 것이 냄새 특성을 해명하는 데 있어 중요하다. 그림 2.23에 관능 평가와 냄새 성분 분석과의 관계를 나타내었다.

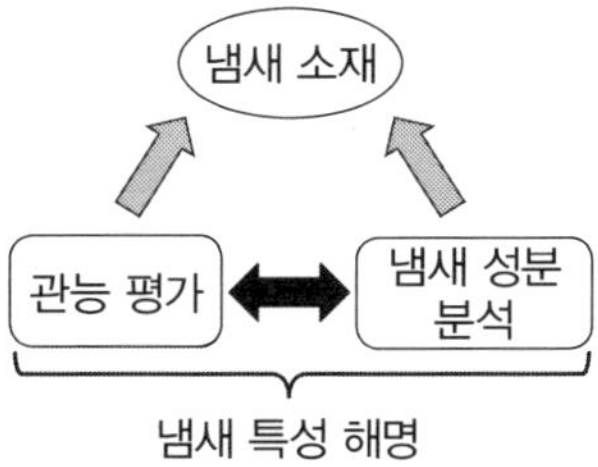

그림 2.23_냄새 연구에 있어서 관능 평가와 냄새 성분 분석과의 관계

칼럼 3

좋은 냄새와 싫은 냄새가 동시에 나면 사람은 어느 쪽 냄새를 느낄까?

사람이 어떤 냄새를 인지할 때는 각 냄새 분자에 따라 인식하는 데 필요한 최소 농도(최저 농도)에 차이가 있다. 이 최저 농도를 후각의 역치閾値라고 한다. 일반적으로 사람은 좋은 냄새보다는 싫은 냄새 쪽을 낮은 농도에서도 인식할 수 있는 것으로 알려졌다.

예를 들면, 썩은 양파 냄새의 주요 원인 물질로 알려진 냄새 분자인 메테인싸이올methanethiol(CH_3SH) 냄새는 에탄올의 약 10000배까지도 민감하게 인지된다. 즉, 농도가 약 1/10000만큼 적게 있어도 사람들이 인식할 수 있다. 왜 이렇게 인식할 수 있는 농도에 차이가 있는 걸까? 이는 후각의 중요한 역할 중 하나인 위험회피 때문으로 생각된다.

메테인싸이올은 치즈 등의 향기와 연관이 있다. 이러한 냄새 분자는 아주 적으면 꼭 유해하다고는 할 수 없으나 어느 농도 이상에서는 사람에 따라 유독한 물질이 된다. 즉 '싫은 냄새' = '사람에 따라 위험한 물질 냄새'가 된다. 이것은 사람의 생존을 위한 능력이다. 비린내가 나는 생선 냄새의 원인인 메틸아민methyl amine도 대표적으로 싫은 냄새 분자 중 하나이다. 여기서 소개한 싸이올류(SH를 갖는 화합물)나 아민류(NH_2를 갖는 화합물) 등은 사람에 따라 싫어하는 냄새를 갖는 화합물이라고 말할 수 있다(**그림**).

한편 대표적인 좋은 냄새로 에탄올(사람에 따라서는 불쾌한 냄새일 수 있다. 이러한 일들이 냄새 세계의 어려운 점이기도 하다)이 있다. 에탄올은 술 향의 베이스가 된다. 또 과일 냄새가 나는 대표적인 분자로

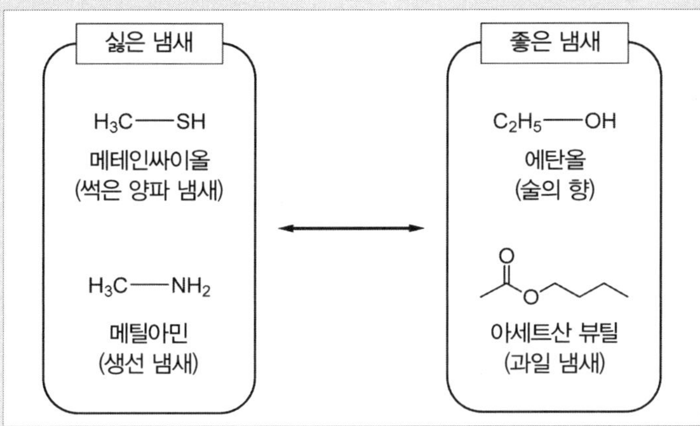

그림_싫은 냄새와 좋은 냄새의 원인 물질 예

아세트산 뷰틸butyl acetate이 있다. 에스터류 화합물이지만 매우 좋은 냄새가 난다. 단, 에스터류인 아세트산 에틸ethyl acetate($CH_3COOC_2H_5$)이라는 물질이 있는데, 이 화합물의 냄새는 좋은 냄새라고는 할 수 없다. 아세트산 뷰틸에 비해 탄소 수가 2개 작고, 아주 비슷한 모양을 하고 있으나 그 냄새는 완전히 다르다. 물질 구조와 냄새와의 관계에 대해서는 5장에서 자세히 설명한다.

그런데 싫은 냄새 물질의 예로 든 메테인싸이올은 그 특징적인 냄새가 일상생활에서 매우 큰 역할을 하고 있다. 요리를 하거나 물을 데울 때 사용하는 가스가 새어 나올 때, 우리는 '가스 냄새'란 표현을 한다. 그렇다면 가스 그 자체에 냄새가 있을까? 답은 "No"이다. 천연가스(LNG)나 액화석유가스(LPG)의 주성분인 메테인, 에테인, 프로페인 등은 냄새가 없는 기체이다. 그러면 왜 이처럼 가스에서 냄새가 날까? 실은 이 냄새는 인공적으로 넣은 냄새이다. 가스가 새면 매우 위험하므로, 아주 적은 양이 누출되더라도 바로 알 수 있도록 일부러 가스에 싫은 냄새를 넣은 것이다. 싸이올류는 이런 가스 냄새의 근원이 되는 물질 중 하나로 사용되고 있다. 싫은 냄새는 불쾌하지만, 한편으로 사람의 생명을 지키는 역할을 담당하고 있다.

칼럼 4

바다 냄새와 산 냄새

주위가 바다로 둘러싸여 있거나, 또는 많은 삼림이 있어 녹음이 우거진 곳에서 살고 있는 사람에게 "산의 냄새란?"하고 물어보면, "아! 삼림의 상쾌한 냄새 얘기네요. 숲에 가면 기분이 좋아요"라고 말할 것이다. 또 "바다 냄새는 어떤가?"하고 물어본다면 "해변 이야긴가요? 맛있는 생선이 먹고 싶네요"라는 이미지를 주지 않겠는가? 그러나 전 세계에는 평생 바다를 보지 못한 사람도 있으며 평생 숲속을 걸어본 일이 없는 사람도 있다. 그래서 그런 사람들에게 '산의 냄새'나 '바다 냄새'라고 말해도 바로 떠오르지 않을 것이다.

예를 들면 여기에 '바다 냄새'가 나는 모래를 가져왔다고 하자(**그림**). '바다 냄새'가 어떤 것인지를 전혀 알지 못하는 사람에게는 그 냄새를 맡게 해도 무슨 냄새인지 표현할 수 없을 것이다. 물론 그 사람도 '바다 냄새'를 알고 있는 사람과 같은 냄새를 느낄 것이다. 그러나 그것이 무엇인가를 판단하기 위한 데이터를 갖고 있지 않기 때문에 '바다 냄새'라고 판단할 수 없는 것이다.

냄새를 인지하는 것은 우선 냄새 분자가 코에 있는 냄새 수용체에 인지되는 것부터 시작한다. 그 인지가 뇌에 신호로 전달되고 뇌에 기억되어있는 데이터베이스와 맞춰 일치하는 것을 찾아냄으로써 처음으로 그것이 무슨 냄새인가를 판단하는 것이다. 따라서 그 사람의 데이터베이스에 존재하지 않는 냄새를 언어로 표현하는 것은 정말로 어려운 일이다.

다른 예를 들어보자. 당신은 오렌지 냄새가 어떤 것인가 알 수 있는가? '그런 건 안다고 정해져 있다'라고 생각할지 모르겠다. 그러나 정말로 그럴까? 혹시 당신이 지금까지 오렌지를 전혀 본 일도, 먹어본 일도 없다면 어떨까? 오렌지를 먹어 본 일이 있다면 오렌지와 같은 냄새라고 말할 수 있을지 모르겠다. 그렇다면 감귤류라고 하는 것을 본 일도 먹어 본 일도 전혀 없다면 어떨까? '무엇인가 달고 좋은 냄새가 난다'는 정도 이외에는 표현할 수 없지 않을까 생각한다.

즉, 후각으로 여러 식품의 냄새를 평가하는 데는 이러한 경험이 사람이 하는 관능 평가의 정확도에 크게 영향을 미친다는 것을 의미한다. 만약 와인 소믈리에sommelier에게 익숙하지 않은 빵 냄새를 평가하라고 한다면, 어느 정도는 하겠지만 역시 빵 기술자만큼 하기는 어려울 것이다. 사람이 하는 냄새 평가란 그렇게 어려운 것이다.

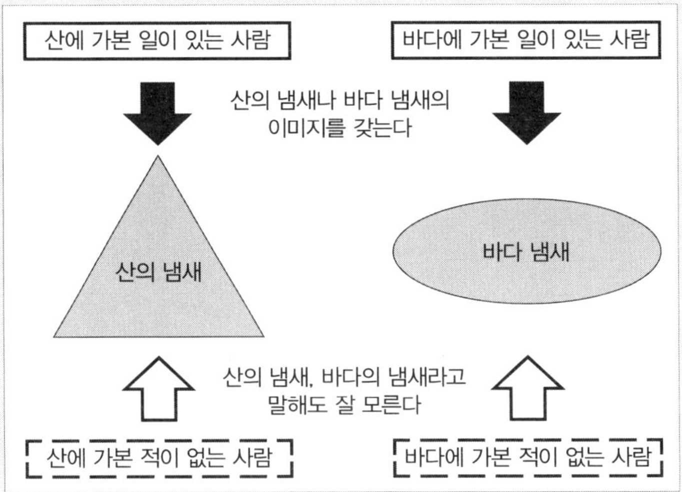

그림_산 냄새와 바다 냄새

3장

냄새를 느끼는 구조 (후각 메커니즘)에 기초한 냄새 소재의 냄새 해석

사람이 냄새를 느끼는 구조(후각 메커니즘)는 매우 복잡하고, 미묘한 냄새 차이도 구분할 수 있다. 그런데 사람의 냄새 수용체는 약 400종류밖에 없다. 그런데도 사람은 많은 수의 냄새를 구별할 수 있다. 그 이유 중 하나는 후각 메커니즘에 있으며, 냄새 분자의 모양에 기인해서 냄새를 인지한다. 따라서 후각 메커니즘을 이해하는 것이 냄새 소재의 냄새를 이해하는 데 중요하다. 이 장에서는 사람의 복잡한 후각 메커니즘과 냄새 소재로부터 나오는 복합취複合臭(복합 냄새)와의 관계를 설명한다.

01 냄새를 느끼는 구조

1. 냄새를 감지한다는 것은

1장에 기술한 것처럼 사람이 냄새를 느끼기 위해서는 그 근원이 되는 냄새 분자가 존재해야 한다. 이 냄새 분자를 코에 있는 냄새 수용체가 감지한다. 예를 들면 리모넨이라는 냄새 분자와 냄새 수용체와의 상호작용(Step A)이 뇌에 전달되는 것으로(Step B), 처음으로 '감귤류 냄새가 난다'고 인식된다(그림 3.1). 냄새를 감지하는 구조(후각 메커니즘)는 매우 복잡한데, 큰 원인 중 하나는 초기 Step A에 있는 냄새 분자와 냄새 수용체와의 관계에 있다.

사람에게는 821개의 냄새 수용체 유전자가 있으나, 그중 실제로 기능하고 있는 유전자는 392개이다. 즉, 사람이 갖고 있는 냄새 수용체의 종류는 392개이다. 하나의 후각세포에는 여러 개의 같은 종류의 냄새 수

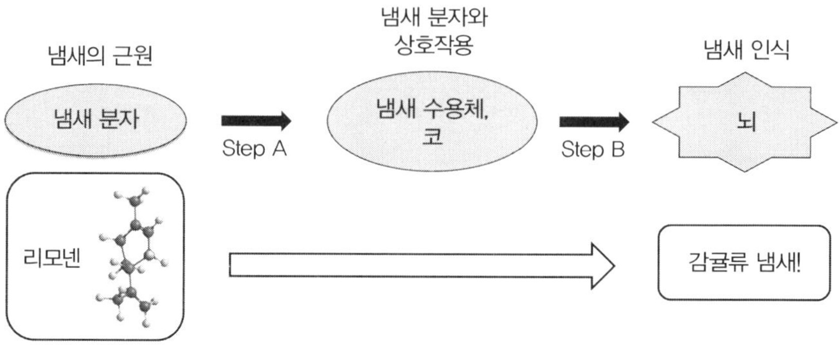

그림 3.1_사람이 냄새를 느끼는 메커니즘

용체로부터 오는 신호가 모여진다. 그래서 몇 개의 냄새 수용체 패턴 정보가 모여 냄새를 감지하게 된다.

냄새 분자 하나를 인식하는 데 한 종류의 냄새 수용체만 사용되지는 않는다. 그림 3.2에 모식적으로 나타낸 것처럼, 실제로 한 개의 냄새 분자를 인식하는 데는, 한 종류의 냄새 수용체만으로 인식하는 것이 아니고, 다수의 냄새 수용체로 인식한다. 예를 든 그림에서는 6종류의 냄새 수용체가 관여하고 있으나, 실제로 관여하는 수용체의 수는 제각각이

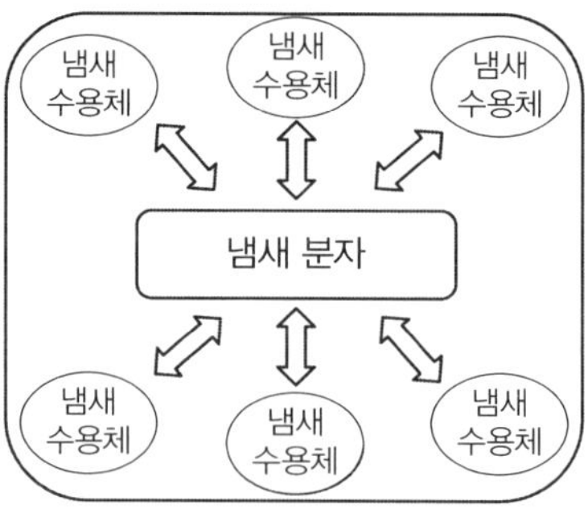

그림 3.2_다수의 냄새 수용체로 하나의 냄새 분자 인식

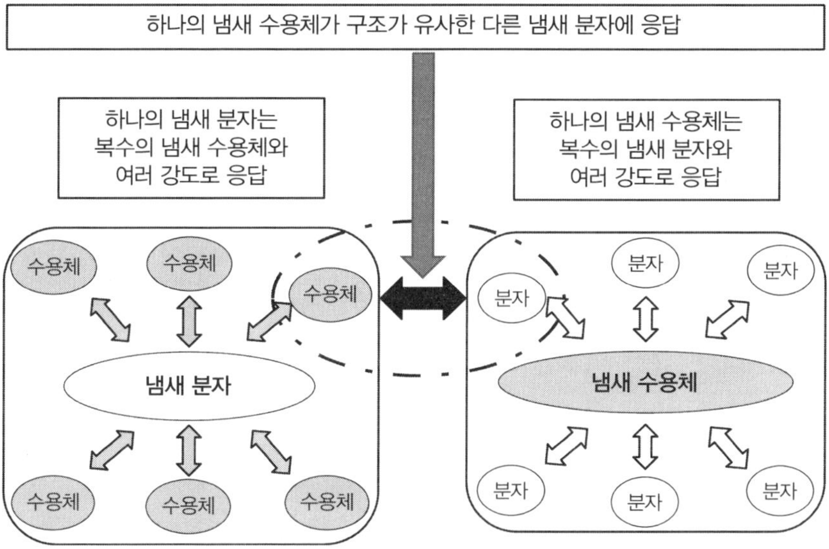

그림 3.3_사람이 냄새를 수용하는 구조

며 냄새 분자의 종류에 따라 다르다.

한편, 하나의 냄새 수용체도 여러 종류의 냄새 분자에 응답한다. 그러면 그림 3.3과 같은 일이 일어난다. 구조가 유사한 냄새 분자가 공존하는 경우, 이미 하나의 냄새 분자를 인식하고 있는 냄새 수용체 중 몇 개가 그 분자와 구조가 비슷한 다른 분자에도 응답한다. 만약 다른 하나의 냄새 수용체에 대한 응답이 더 강해지면 그 냄새 수용체는 그쪽을 수용하는 데 사용된다. 결과적으로, 냄새 분자를 수용하는 데 사용되고 있는 수용체 중 하나에 결점이 생겨서 작용하지 못하게 된다. 그렇게 되면 그 냄새 분자가 존재하는데도 뇌에 전달되는 신호는 본래의 것과는 다른 것이 된다. 즉, 냄새가 변한 것으로 인식되는 것이다.

너무 대략적인 설명이지만 이와 같이 사람이 냄새를 수용하는 시스템은 복잡하며, 존재하는 냄새 분자의 종류 등에 따라 냄새를 인식하는 게 크게 변하게 된다.

2. 많은 냄새 성분으로 구성된 복합취의 특징

지금부터는 앞에 설명한 냄새 분자를 인지하는 수용 시스템의 복잡성이 초래하는 냄새 변화에 대해, 구체적인 예를 들어 설명할 것이다. 지금 여기에 꽃향기 성분인 리날로올linalool과 제라니올geraniol 그리고 박하향기의 주성분인 멘톨menthol이 공존한다고 하자. 우선 제라니올과 멘톨 두 개에 대해 생각해 보자. 1장에서 설명한 것 같이 제라니올과 멘톨 분자의 모양은 명확하게 다르다. 각 분자는 그림 3.2에 나타낸 것처럼 다수의 냄새 수용체에 의해 인식된다. 두 분자의 모양이 다르다고 하는 것은, 인식에 사용되는 냄새 수용체의 종류가 다름을 뜻한다. 즉, 두 냄새 분자가 그림 3.3에서처럼 동일한 수용체와 응답할 가능성은 없다고 볼 수 있다. 이 두 분자가 공존하는 경우, 그 냄새는 두 개의 냄새가 하나로 합친 것이라고 할 수 있다(그림 3.4).

한편 리날로올과 제라니올 경우는 어떨까? 이 두 분자의 구조는 유사하다는 점에서 그림 3.3에 나타낸 것 같이 냄새 수용체가 겹임할 수 있다. 따라서 그 결과로 생기는 냄새는 단순히 두 냄새의 합이 아니다(그림 3.5).

이를 기초로, 실제 냄새 소재의 냄새에 대해 생각해보자. 장미나 레몬 등의 냄새는 통상 수십 종류 이상의 냄새 성분으로 구성되어 있다. 이들을 복합취라 하며, 많은 경우 구조가 비슷한 냄새 분자가 몇 개씩 포함되어 있다. 그런 성분 사이에는 냄새 수용체의 겹침이 여기저기에

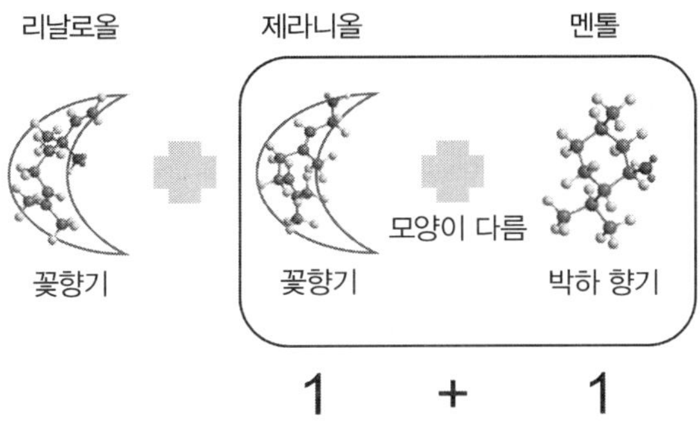

그림 3.4_모양이 다른 냄새 분자의 혼합

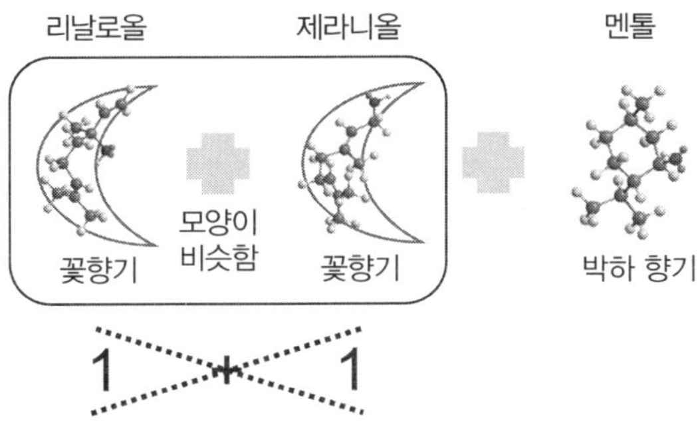

그림 3.5_모양이 유사한 냄새 분자의 혼합

서 일어나게 된다. 즉, 구조가 유사한 분자군에서는 그림 3.6에 나타낸 것처럼, 냄새 수용체를 매개로 한 냄새 분자 사이의 네트워크가 형성된다. 이와 같은 네트워크에 의해 냄새 소재의 냄새가 만들어진다고 생각할 수 있다.

지금까지 여러 냄새 소재의 냄새 성분에 대한 분석이 이루어지고 있으며 그 함유 성분이 밝혀지고 있다. 그러나 어떤 특징적인 냄새의 원인이 되는 함유 성분을 찾을 수 없는 경우가 많다. 그 이유는 대체로 그런 성분은 존재하지 않고, 여러 냄새 분자와 냄새 수용체 사이에 존재하

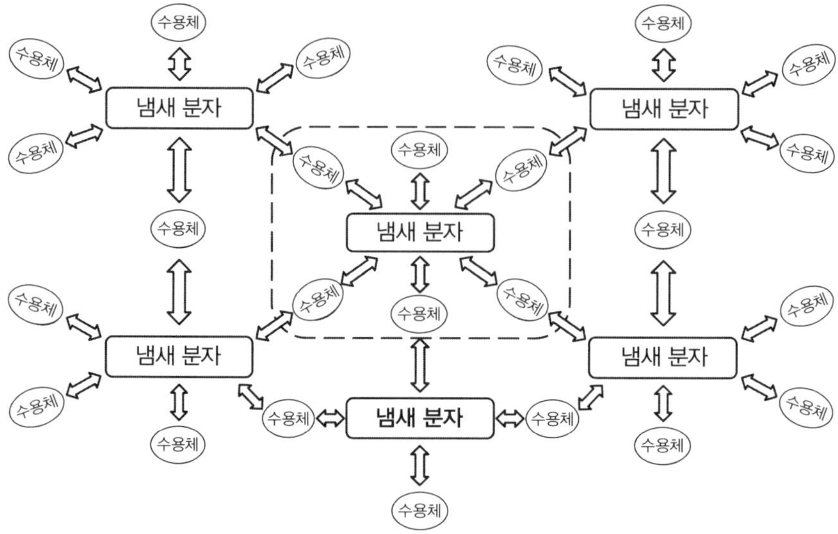

그림 3.6_복합취에서 냄새 분자 사이의 네트워크

는 분자 수준에서의 상호작용(network)이 그 특징적인 냄새를 생산하기 때문으로 생각할 수 있다. 이에 대해서는 4장에서 구체적인 연구 예를 들어 설명하기로 한다.

3. 복합취를 어떻게 해석할까

복합취는 많은 냄새 분자로 구성되어 있다. 따라서 많은 냄새 분자와 거기서 생기는 소재의 냄새를 연결하기 위해서는, 냄새를 구성하고 있는 분자끼리의 구조 유사성을 조사하는 것이 중요하다. 이에 대해 자세히 설명해 보자.

그림 3.7에 나타낸 것처럼, 많은 냄새 분자는 각각 그 냄새와 구조에 착안하여 2개의 경우(case)로 나눠 볼 수 있다. 냄새 분자의 냄새가 유

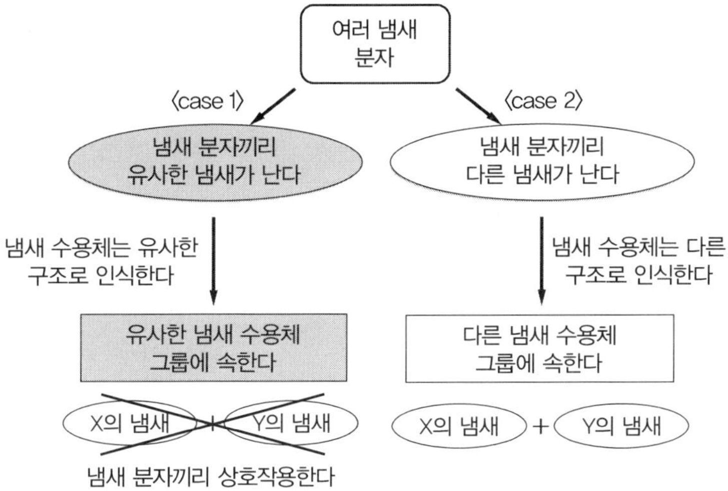

그림 3.7_냄새 분자에서 냄새 유사성과 구조 유사성과의 관계

사한 case 1에서는 '냄새 수용체가 그 분자들의 구조가 유사함을 인식했다'고 생각된다. 이 case 1의 냄새 분자는 유사한 냄새 수용체 그룹에 속한다고 추정된다. 다시 말해서 비슷한 수용체들의 조합으로 각 분자의 냄새를 인식하고 있어, 냄새가 유사하다고 생각하는 것이다. 단, case 1과 같은 관계의 분자가 공존하는 경우 냄새 분자끼리 상호작용이 생기기 때문에(그림 3.3), 결과적으로 냄새는 모든 성분의 냄새를 단순히 합한 것이 아니라 이들 냄새 성분군 전체가 만들어낸 냄새인 것으로 여겨진다. 한편 냄새 분자끼리 서로 다른 냄새를 가지고 있는 case 2의 경우, 각각 냄새 분자는 다른 냄새 수용체 그룹에 속한다고 생각된다. 이 case 2에서는 냄새 수용체가 겹치는 일은 없다고 할 수 있다.

이상의 내용을 정리해보자. 많은 냄새 분자가 공존하는 경우, 수용체는 냄새 분자를 구조 유사성을 기준으로 나눈다. 그 결과, 그림 3.8에 나

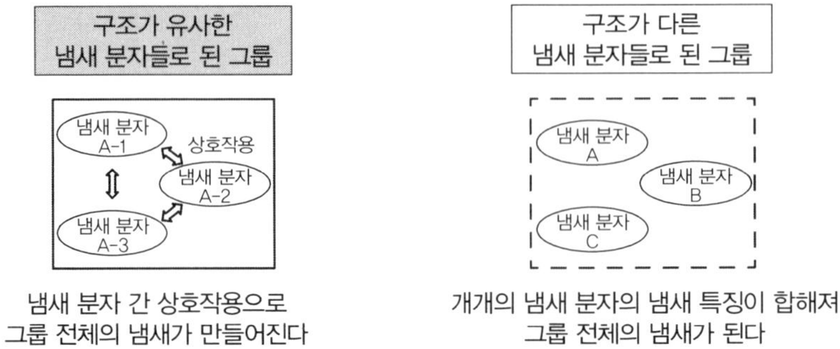

그림 3.8_냄새 분자의 구조 유사성과 냄새 분자 그룹의 냄새와의 관계

타낸 것처럼 2개의 냄새 분자 그룹으로 분류된다. 구조가 유사한 냄새 분자 그룹의 경우는 냄새 분자끼리 서로 영향을 주고 있다. 그래서 소재가 냄새에 미치는 영향을 생각할 때, 유사한 구조의 냄새 분자들을 개개의 냄새 분자가 아닌 하나의 덩어리로 취급한다. 따라서 그 그룹이 만들어내는 냄새가 소재의 냄새에 기여한다고 여겨진다. 한편 구조가 다른 경우에는 상호 영향을 주지 않기 때문에 단순히 그들 분자의 냄새를 모두 합한 것이 그 그룹의 냄새가 된다.

다만 실제로 냄새 소재의 냄새 특성을 검토할 때는, 그림 3.8에서 생각한 것처럼 '구조가 다른 냄새 분자들로 된 그룹'으로 분류된 냄새 분자에 대해서도, 그 분자와 구조가 유사한 냄새 분자의 존재도 고려해야 한다. '구조가 다른 냄새 분자들로 된 그룹'이라도 냄새 소재의 냄새를 구성하고 있는 성분은 매우 많기 때문에, 그 성분 중에는 구조가 다른 분자뿐만 아니라, 서로 구조가 유사한 분자가 존재하는 경우도 충분히 있을 수 있기 때문이다.

이들을 모두 고려하면 복합취는 그림 3.9와 같이 생각할 수 있다. 냄

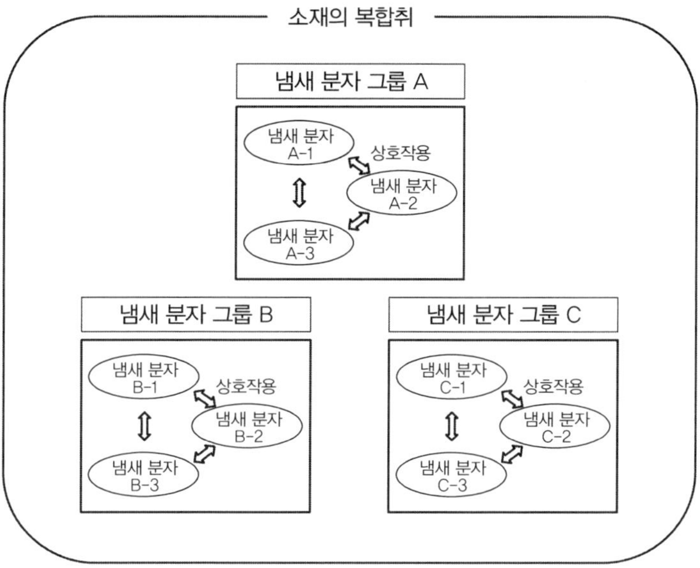

그림 3.9_냄새 분자 간 네트워크가 만들어진 냄새 분자 그룹의 집합체에 의해 발생하는 복합취

새 분자 그룹 A에 속하는 냄새 분자 A-1, A-2, A-3는 상호 구조가 유사하여 서로 영향을 주기 때문에 이들을 개별로 생각하지 말고 하나의 그룹으로 취급한다. 또한, 그룹 B나 C에 속하는 냄새 분자끼리도 서로 영향을 주고 있기 때문에, 이것들도 개별적으로 생각하지 않고 그룹으로 취급한다. 그렇다면 그룹 A와 그룹 B의 관계는 어떻게 생각해야 할까? 그룹 A에 속하는 분자와 그룹 B에 속하는 분자는 구조가 다르다. 즉, 그림 3.8의 '구조가 다른 냄새 분자들로 된 그룹'에 포함된 개개의 냄새 분자를, '구조가 유사한 냄새 분자들로 된 그룹'으로 간주할 수 있다. 이처럼 복합취에서는 냄새 분자끼리 상호작용을 고려해야 하며, 그림 3.9와 같이 '냄새 분자 간 네트워크(그림 3.6)가 만들어지고, 구조가 유

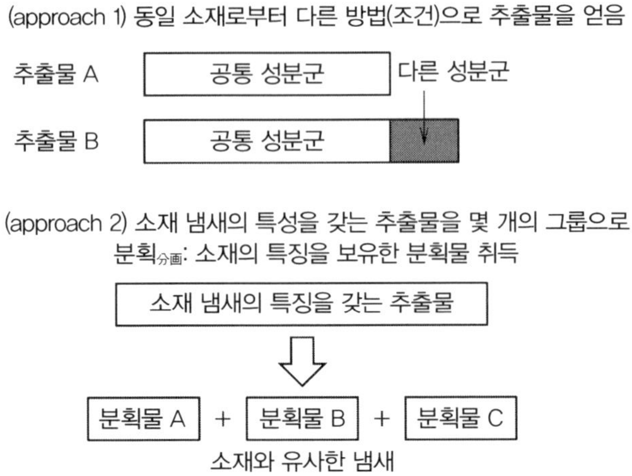

그림 3.10_후각 메커니즘을 고려한 복합취 냄새 특성 규명을 위한 두 가지 접근 방법

사한 냄새 분자들로 된 그룹의 집합체'로 취급해야 한다.

그렇다면 냄새 소재에 포함되어 있는 많은 냄새 분자 간 상호작용을 어떻게 모두 고려할 수 있을까? 간단한 이야기지만 개개 냄새 분자를 가리지 않고 그룹 그대로 검토하면 된다. 여러 방법이 있으리라 생각되지만 여기서는 2가지 접근 방법(approach)을 설명할 것이다. 이들은 4장에서 실제 냄새 소재의 냄새 특성을 규명할 때 사용할 것이다. 그림 3.10에 그 방법을 나타내었다.

접근 방법 1은 소재로부터 냄새 성분을 추출할 때, 다른 추출 방법으로 얻은 추출물의 냄새가 조금 다른 것을 이용하는 방법이다. (조금이라고 하는 것은 얻어진 추출물 성분에 있어서 큰 차이가 없는 정도를 말한다.) 가령 동일 소재로부터 2종류의 추출물을 얻었고, 이 2개 추출물 중 추출물 A가 목적으로 하는 냄새를 가지고 있으며, 추출물 B는 그 냄새와는 다른 냄새를 가지고 있다고 하자. 이때 추출물 B의 냄새가 추출하고자 하는 냄새와 다른 이유는 추출물 A와는 냄새 성분 구성이 다르기 때문이다. 그림에 표시한 것은 추출물 B에 추출물 A에는 없는 성분들이 포함되어 있는 경우이다. 이 성분들 때문에 냄새가 달라진 것이다. 이렇게 추출물 B에 다른 것이 포함되어 있는 경우뿐 아니라, 추출물 A에는 있는 성분이 빠져서 냄새의 유사성이 떨어지는 경우도 생각해보길 바란다. 이렇게 판명된 성분에 대해, 추출물 A 및 B의 유사 구조 성분과 상호작용을 고려한다. 즉 추가되거나 없는 성분만이 아니고 그들 성분과 유사한 구조를 갖는 성분군(냄새 분자 그룹)도 그 소재가 발휘하는 냄새의 중요한 성분으로 인식해야 한다.

접근 방법 2는 추출한 성분을 몇 개의 성분군으로 분획分劃하여 생각하는 방법이다. 분획하는 방법에는 여러 가지가 있으나, 어느 것으로 하든 구조가 유사한 성분이 가능한 한 서로 나뉘지 않도록 하는 것이 중요하다. 대상이 냄새 성분이라는 것을 고려하면 끓는점 차이로 나누는 것이 유용한 선택 기술이다. 그림에서처럼 3종류의 분획물이 얻어졌다고 하자. 이들 분획물 중 분획물 B의 냄새가 소재 그 자체의 냄새와 유사하다. 이때 분획물 간 성분을 비교함으로써 냄새 특성에 기여하는 중요 성분을 특정할 수가 있다. 4장에서는 구체적인 예를 들어 이 접근 방법에 대해 설명한다.

지금까지 설명한 것을 기초로 후각 메커니즘을 고려한 복합취 해석 순서를 그림 3.11에 나타내었다. 우선 그림 3.10에 제시한 접근 방법에서 추출물, 분획물을 얻는다. 다음으로 얻어진 추출물에 대해 관능 평가를 실시한다. 끝으로 추출물, 분획물의 성분을 분석한다. 이렇게 얻어진 관능 평가와 성분 분석 결과를 조합하여 해석함으로써 냄새의 중요

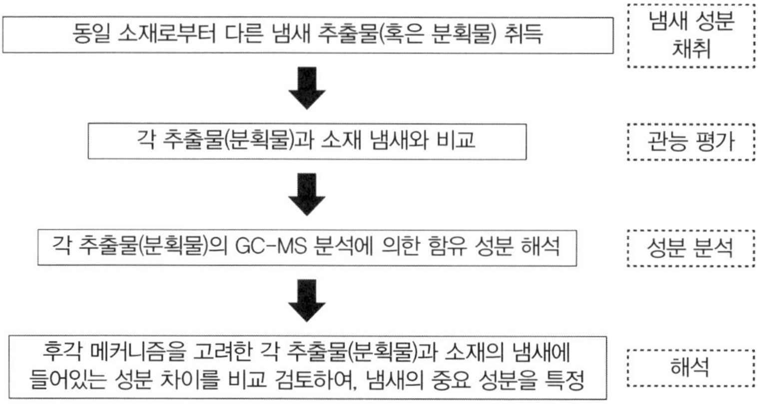

그림 3.11_후각 메커니즘을 고려한 소재의 복합취 해석(향기 프로파일 해석) 순서

성분을 특정할 수 있다.

02 GC-MS로 복합취 해석

1. GC-MS/O 데이터 취급법

냄새 소재에서 나는 냄새의 성분을 분석하는 데 일반적으로 사용하는 방법을 그림 3.12에 나타내었다. 냄새 소재의 중요한 성분을 탐색하기 위해서는 무엇보다도 함유된 성분의 정체를 밝힐 필요가 있다. 그 목적에 적절한 분석 방법이 기체 크로마토그래피(GC)이다. 이 분석법으로 냄새에 포함된 성분의 수와 상대적 비로 그 성분의 함유량에 대한 정보를 얻는다. 또 GC에 후각 측정기$_{\text{olfactometry}}$를 부속시켜 GC 분석에 의해 얻어진 각 피크의 냄새 특징에 관한 정보도 얻는다. 질량 분석기와 연결하여 각 피크 성분을 특정할 수도 있다. 이런 방법으로 특정 냄새

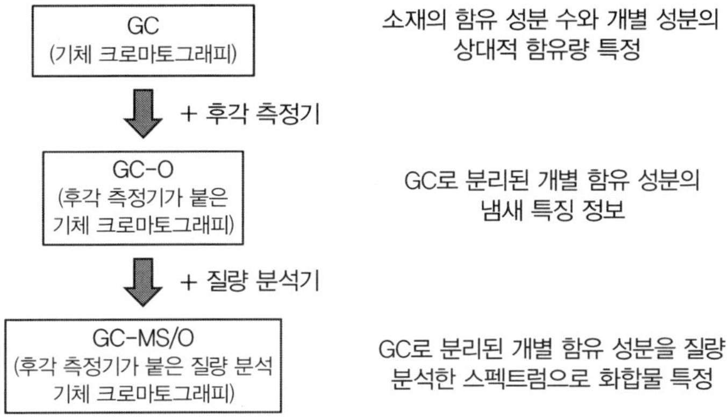

그림 3.12_냄새 소재의 일반적 성분 분석 방법

에 함유되어 있는 냄새 성분의 종류와 그 포함되어 있는 비율을 규명한다. 이 방법으로 냄새를 해석하는 기본 데이터를 얻을 수 있으나, 냄새 분자의 상호작용을 고려하면 얻어진 데이터를 그대로 사용할 수는 없다. 다시 말해 후각 메커니즘을 고려한 해석은 불가능하다.

그렇다면 어떻게 해석하면 좋을까? 복합취에 있는 성분을 찾아내는 것에 대한 앞 절의 논의를 도입하면 GC-MS 분석 결과를 해석하는 데 도움이 될 것이다. 예를 들어 시간에 따른 냄새 변화를 보자(그림 3.13). 이 예에서 우선 소재에 들어 있는 성분의 초기 상태는, 그림 3.9에 표시한 것 같이 구조가 유사한 여러 개의 성분으로 된 몇 개 그룹들의 모임이라 생각하자. 여기서 시간이 지남에 따라 냄새가 변했을 때 GC 분석 결과가 그림 3.13의 오른쪽과 같이 되었다고 하자. 두 상태의 GC 분석 결과를 비교함으로써, 성분 A-3가 없어졌음을 쉽게 알 수 있다. 단지 이 경우 냄새 변화에 영향을 주는 냄새 성분은 없어진 성분인 A-3뿐 아니라 이 그룹에 있는 그 외의 성분 A-1, A-2도 중요하다고 생각된다.

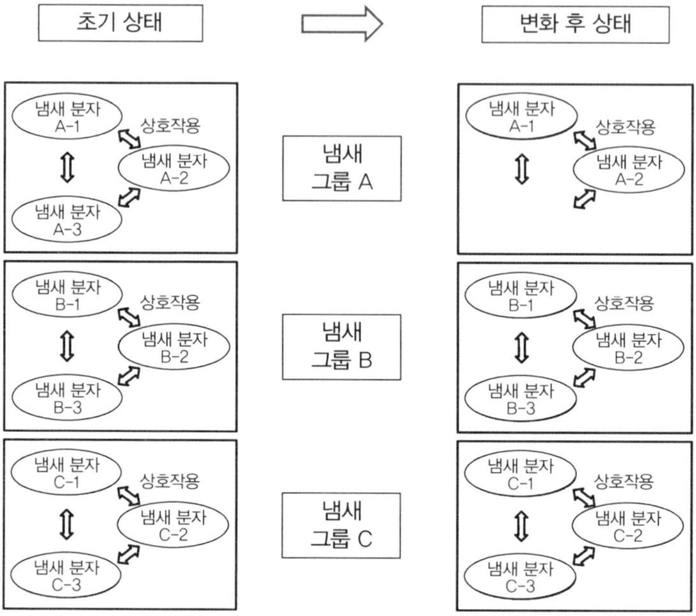

그림 3.13_구성 성분의 구조 유사성에 착안한 GC-MS 데이터 해석

이러한 생각을 기본으로 두고 데이터를 해석함으로써 중요한 냄새 성분을 알아내게 된다.

이 방법에 있어서, 후각 메커니즘을 고려한 GC-MS 데이터를 어떻게 취급하는지를 그림 3.14에 정리하였다. 우선 일반적인 방법으로 얻은 GC-MS 데이터를 냄새 분자의 분자 구조 유사성을 고려한 그룹으로 분리한다. 다음으로, 이들 그룹 중 어느 것에 속하는 성분이 없어졌는지, 함유비가 변하거나 변하지 않았는지를 해석함으로써 그 냄새 중에서 중요한 성분을 특정해 간다. 성분을 특정한 후에는 필요에 따라 이 성분에 착안해서 분석하는 것이다.

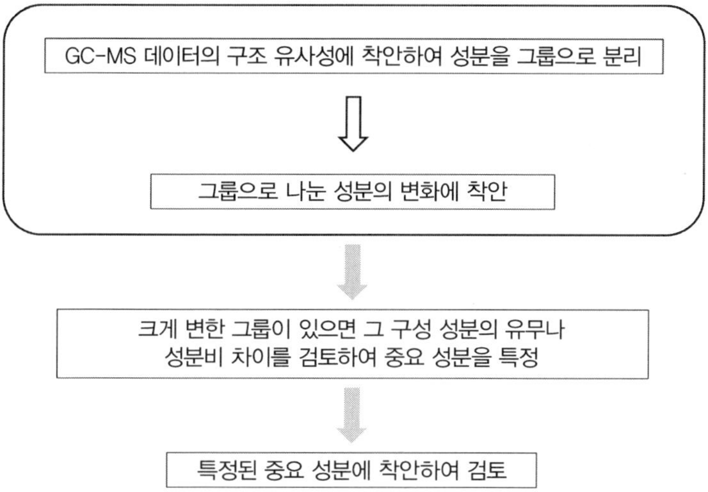

그림 3.14_후각 메커니즘을 고려한 GC-MS 데이터 취급 방법

2. GC-MS로 냄새 소재의 복합취 해석 실전

지금까지 설명한 후각 메커니즘을 고려한 GC 분석에 대해 구체적인 예를 보자. 그림 3.15에 스타아니스 추출물의 GC-MS 분석 스펙트럼을 나타냈다. 이 스펙트럼에 나타난 주된 피크 성분을 동정同定함으로써 스타아니스는 그림 3.16에 나타낸 성분을 함유하고 있음이 판명되었다.

다음으로 이들 성분 각각을 구조 유사성에 착안해 분류하면 그림 3.17처럼 된다. 그림에서 보듯이 크게 4개 그룹으로 나눌 수 있다. 다시 그룹 B에서는 치환기에 카보닐기가 있는가 없는가에 따른 분류도 가능하다. 엄밀히는 이렇게 그룹으로 나누는 것은, 사람의 냄새 수용체에서 구조가 유사하다고 판단되는지 아닌지에 따라 구분되겠지만, 우선은 이렇게 각각 구조가 다른 냄새로 크게 나눠서 검토하는 것만으로도 냄

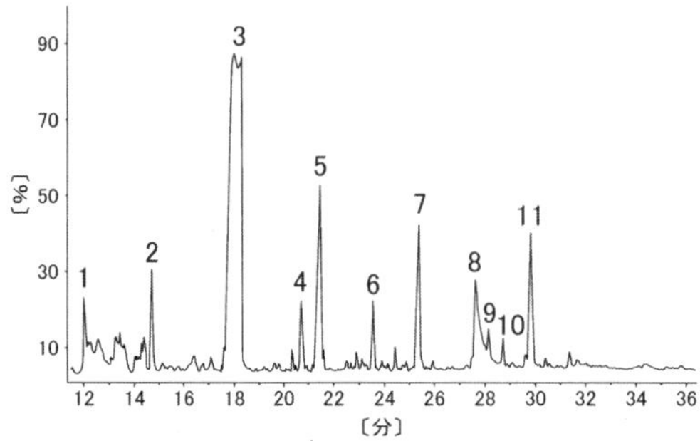

그림 3.15_스타아니스 추출물의 GC-MS

새 분자끼리 상호작용을 고려한 해석이 성립되고, 기존 해석방법에서는 얻지 못했던 정보들을 얻을 가능성이 있다.

다음 예는 향료 원료로 널리 사용되고 있는 파촐리patchouli 냄새 성분 분석이다. 파촐리는 인도 원산의 시소紫蘇과 식물로 그 잎을 말리면 파촐리 특유의 냄새가 난다. 잎 자체로도 향료로 사용되고 있으며, 그 잎

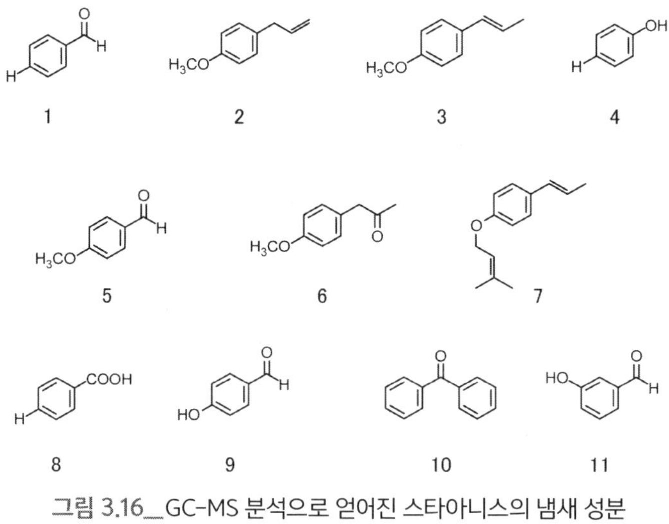

그림 3.16_GC-MS 분석으로 얻어진 스타아니스의 냄새 성분

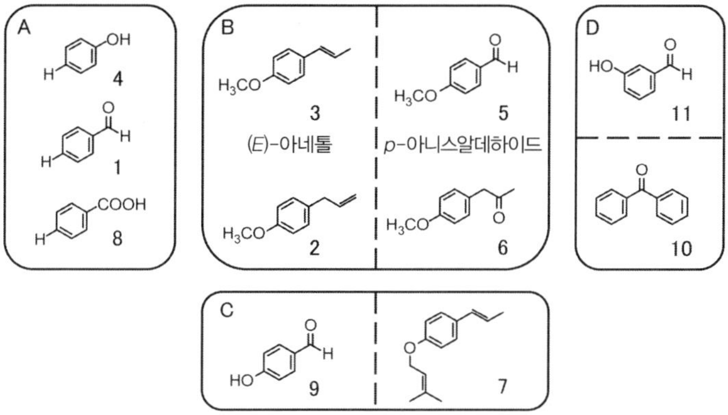

(a) 단일 치환 벤젠 (b) p-2 치환 벤젠 (c) 기타 벤젠계 화합물

그림 3.17_스타아니스 냄새 성분 구조에 의한 분류

에서 얻은 정유는 중요한 향료로 널리 사용되고 있다. GC-MS 분석으로 얻어진 파촐리 냄새의 성분을 그림 3.18에 나타내었다. 또한 이들 성분을 구조 유사성에 따라 그림 3.19에서처럼 분류했다.

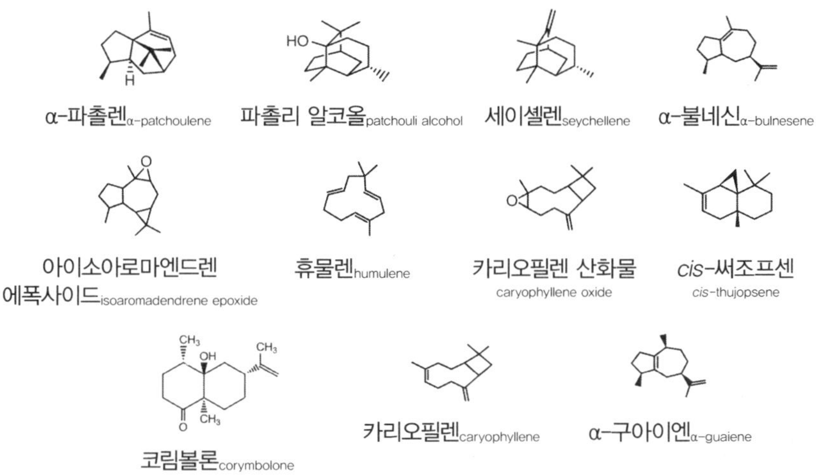

그림 3.18_GC-MS 분석으로 얻은 파촐리의 주된 냄새 성분

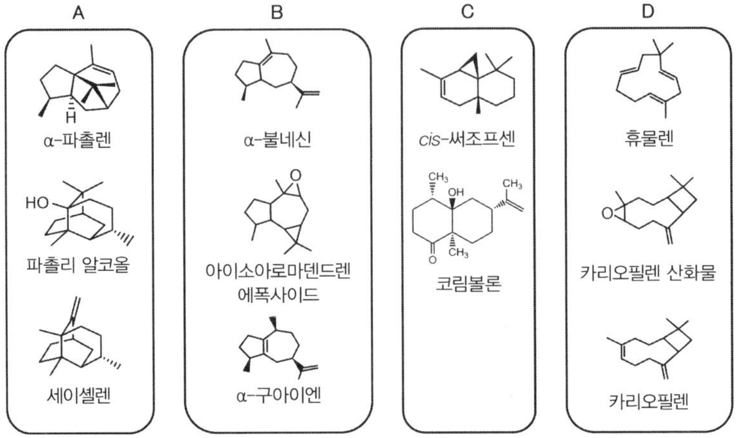

그림 3.19_ 파출리 냄새 성분을 구조로 분류

끝으로, 아쌈assam종 녹차와 중국종中國種 녹차의 냄새 차이에 대해 분석한 결과를 보자. 아쌈종 녹차의 성분을 분석해서 얻은 주성분을 그림 3.20에 나타내었다. 또 중국종에 대해서도 같은 방법으로 GC-MS 분

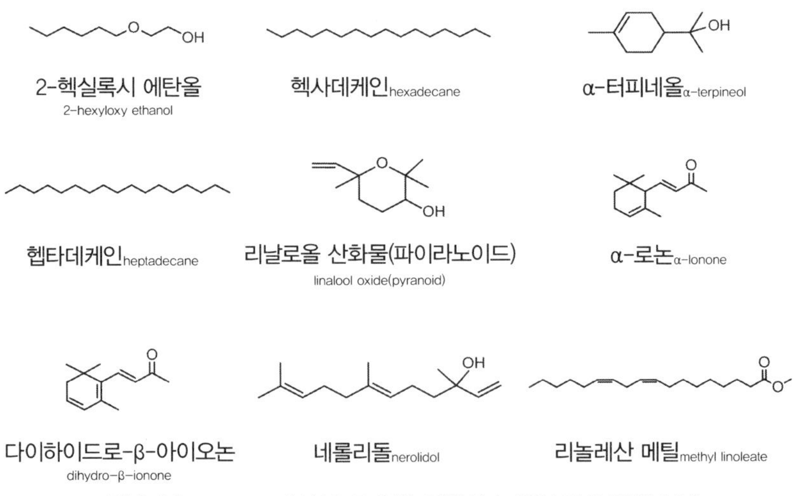

그림 3.20_ GC-MS 분석으로 얻은 아쌈종 녹차의 주요 냄새 성분

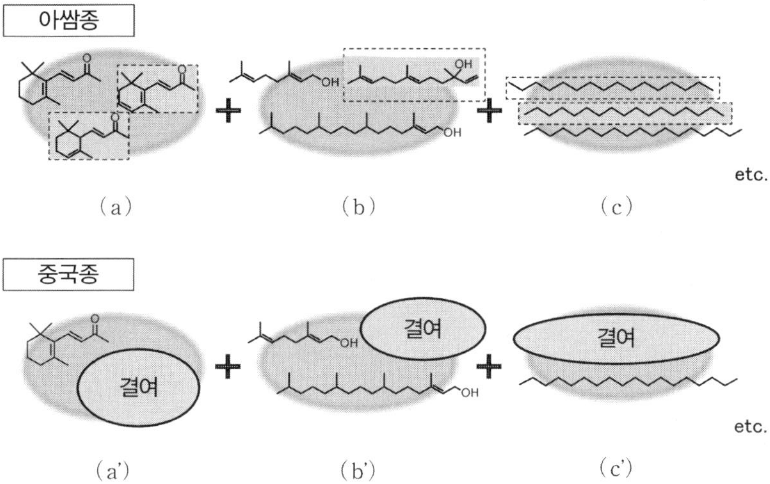

그림 3.21_아쌈종과 중국종 녹차의 냄새 성분 차이

석을 했다. 그 결과로 얻어진 양 추출물의 성분 차이를 그림 3.21에 나타내었다. 3개 냄새 성분군에 대한 차이가 두 녹차의 냄새 차이를 나타냄을 보이고 있다.

여기 제시한 예와 같은 고찰考察은 보고되지 않은 성분들을 해석하는 데도 응용할 수 있다.

칼럼 5

향수를 많이 뿌려서 체취나 싫은 냄새를 지울 수 있을까?

우리 주변에는 여러 가지 냄새가 퍼져 있다. 음식을 비롯하여 의류나 화장품 등 많은 것이 각각 독특한 냄새를 갖고 있다. 그중에는 대단히 좋은 냄새를 풍기는 것도 있다. 그래서 이런 생각이 들기도 한다. '땀 냄새나 상한 음식물 냄새 등 싫은 냄새가 날 때 좋은 냄새가 나는 향수를 뿌리면, 향수의 좋은 냄새로 싫은 냄새를 덮을 수 있지 않을까?'

그러나 냄새라고 하는 것은 그렇게 단순하지 않다. 소재의 냄새는 대부분 하나의 냄새 성분만으로 구성되지 않는다. 경우에 따라서는 수십, 수백의 냄새 성분이 섞여서 그 소재의 특징적인 냄새, 소위 복합취를 만들고 있다. 복합취이기 때문에 좋은 냄새가 나는 향수를 많이 뿌린다 해도 싫은 냄새를 지우는 것은 어렵고, 오히려 악화시킬 가능성도 있다. 이는 냄새를 분자 수준에서 생각해보면 쉽게 예측할 수 있다.

이 장에서 설명한 것같이 많은 냄새 소재에는 모양이 비슷한 냄새 분자가 많이 포함되어 있다. 그래서 모양이 비슷한 냄새 분자가 함께 존재하면 그들은 서로서로 영향을 준다. 이러한 영향이 합쳐지기 때문에, 사람이 결과적으로 인지하는 냄새는 개별 냄새의 특징을 단순히 합한 냄새가 아니다. 즉, 완전히 다른 냄새로 바꿔어버리는 것이다. 냄새라는 것은 이처럼 복잡한 구조로 발현하고 있어, 단순히 싫은 냄새가 나는 곳에 좋은 냄새가 나는 향수를 뿌려도 좋은 냄새가 나는 것은 아니다. 냄새의 발현을 보다 복잡하게 하는 요인을 더 살펴보자.

냄새에는 사람에 따라 기분을 좋게 하는 상쾌한 냄새와 불쾌한 냄새가 있으나 일반적으로 불쾌한 냄새 쪽을 보다 강하게 느끼는 경우가 많다. 따라서 싫은 냄새를 전혀 느끼지 않게 하려면 상당히 많은 양의 좋은 냄새를 섞어야 한다. 그러나 여기서 새로운 문제가 생긴다. 어떤 냄새도 지나치게 강하면 사람에 따라서는 불쾌하게 느끼는 경우가 많다.

그리고 냄새에는 소위 익숙해지는 것도 있다. 같은 냄새를 한동안 맡으면, 사람은 그 냄새에 익숙해진다. 이렇게 냄새에 익숙해지는 것에 대한 예를 들어보자. 많은 독자는 아마도 집안 냄새에 대해서는 신경을 쓰지 않을 것이다. 그래도 다른 사람의 집이나 호텔방에 들어갔을 때는 그 냄새를 느끼게 될 것이다. 냄새는 사람이 위험을 관찰하는 중요한 정보의 하나이기 때문에, 달라진 상황(장소)에 있다는 것이 냄새로 느껴지게 되는 것이다. 그런데 그 냄새도 시간이 약간만 흐르면 그다지 신경 쓰지 않게 된다. 그 장소가 자신에게 위험한 장소가 아니라는 것을 인식했기 때문이다.

이렇게 냄새에 익숙해지는 것과 관련하여 조심해야 하는 것이 있다. 최근에는 'aroma harassment'라는 냄새에 관한 사회문제가 발생하고 있다. 향수 냄새에 익숙해질수록 향수의 양을 점점 늘리게 되어, 스스로는 그렇게 냄새가 강하다고 느끼지 않지만 주변 사람에게는 지나치게 강한 냄새가 되는 경우이다. 그렇게 되면 앞에 기술한 것처럼 '어떤 냄새라도 농도가 지나치면 불쾌해지는 현상'이 일어나게 된다(**그림**). 타인에게 불쾌감을 주지 않기 위해서는 아무쪼록 향수를 너무 지나치게 사용하지 않도록 주의가 필요하다.

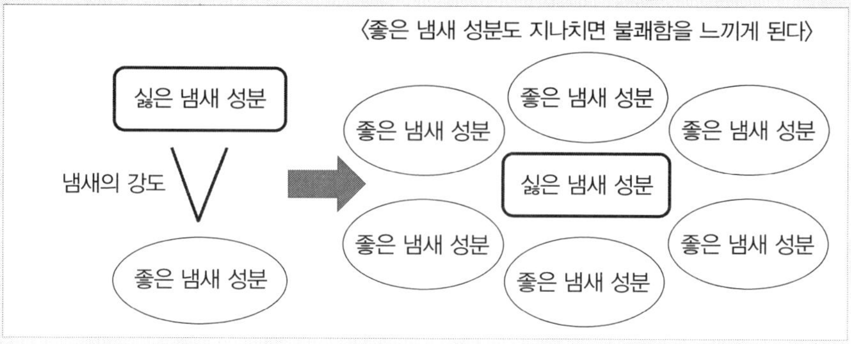

그림_'어떤 냄새라도 농도가 지나치면 불쾌해지는 현상' 개요

칼럼 6

향수를 뿌렸을 때 바로 맡은 향과 시간이 지난 후의 향은 왜 다른가?

식물이나 과일과 같은 소재에서 나는 냄새는 많은 냄새 성분으로 구성되어 있다(**그림**). 예를 들면 오렌지와 같은 감귤류에 포함된 성분은 비교적 휘발성이 높은 성분으로 구성되어 있어, 단시간에 집중적으로 냄새가 발산된다. 이와 같은 냄새 성분을 탑 노트top note라고 한다. 풀 향이 나는 *cis*-3-헥센올 등의 그린green 향도 대표적인 탑 노트이다. 한편 장미 등의 꽃냄새는 감귤류에 비하면 천천히 느껴진다. 이들은 미들 노트middle note라고 불리는 냄새 성분이다. 백단이나 파출리 등 많은 향기 소재의 냄새는 천천히 풍겨 지속성이 아주 높다. 이들은 베이스 노트base note라고 하며, 탑 노트나 미들 노트보다 분자량도 크고 휘발성이 낮다. 베이스 노트의 냄새 성분은 합성하기 어려운 것이 많기 때문에 천연 정유가 그대로 사용되는 경우가 많다.

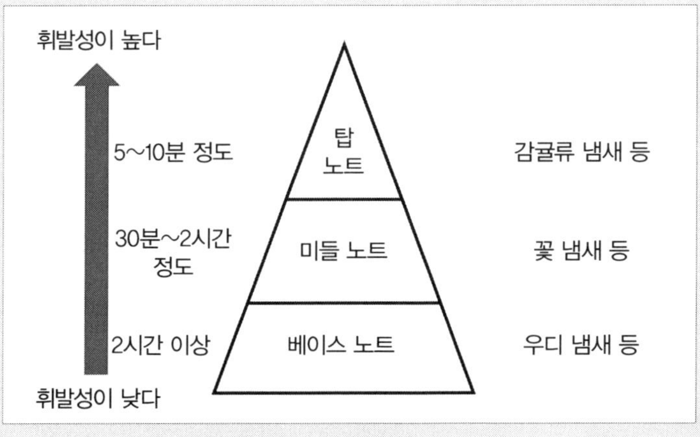

그림_냄새 성분의 휘발성에 따른 분류

오렌지의 냄새 성분은 대부분 탑 노트이며, 장미 등의 냄새 성분은 주로 미들 노트로 되어 있다. 이와 같이 천연 냄새 소재의 냄새 성분은 휘발성이 거의 같은 성분으로 구성되어 있는 경우가 많다. 그러나 향수는 여러 가지 휘발성을 갖는 성분을 잘 섞어서 만들어진다. 즉 탑 노트, 미들 노트, 베이스 노트 성분의 혼합물이다. 그래서 향수를 뿌리면 처음에는 탑 노트의 냄새가, 다음에는 미들 노트의 냄새가, 마지막으로는 베이스 노트의 냄새가 난다. 냄새가 시간차로 변하는 것이다. 그런데 실제 향수에서 처음에는 탑 노트 성분의 냄새만 나고 그 뒤에 미들 노트 성분의 냄새만 나오냐 하면 그렇게 단순하지는 않다. 왜 그럴까?

앞에 기술한 것처럼 향수에는 탑 노트, 미들 노트, 베이스 노트 성분이 혼재되어 있다. 그러나 처음에 탑 노트 성분만이 휘발하지는 않는다. 어떤 물질이 휘발성이 낮다는 것이 그 성분이 휘발하지 않음을 의미하는 것은 아니다. 탑 노트 성분보다 휘발하는 양은 상당히 적으나, 휘발성이 낮은 베이스 노트 성분도 처음부터 조금은 휘발하고 있을 것이다. 즉, 향수에서 처음에 느끼는 냄새는 주로 탑 노트 성분이지만, 여기에 약간의 미들 노트와 베이스 노트가 더해지면서 만들어진 것이라고 보면 된다. 그리고 이 성분들의 구성비는 시간이 지나면서 각각 변할 것이다. 따라서 향수를 뿌리면 시간이 지남과 더불어 냄새가 변한다. 그러한 의미에서 향수는 살아있다고 말할 수 있겠다.

4장

냄새가 나는 소재의 냄새 해석 실전

냄새가 나는 소재에서 발현하는 냄새의 특징을 알기 위해서는 어떤 순서를 거쳐야 할까? 냄새 소재의 다양한 특징에 맞춰 여러 방법이 사용된다. 이 장에서는 2장 및 3장에서 설명한 후각 메커니즘을 고려하여 어떻게 냄새 특성을 해석하는지 구체적인 연구 예를 들어 설명할 것이다.

01 식물의 냄새 해석

1. 백단의 냄새 특성

인도 등의 지역에서 자라는 백단sandalwood, 白檀은 향의 원료로 가장 잘 알려진 냄새 소재이다. 열대성 단향과의 나무이며 목부木部, 특히 심재心材 부분이 향 재료로 사용된다. 백단은 특유의 향이 있으며, 오래전부터 향수 등 방향 제품에 사용되어 왔다. 공업적으로는 보통 백단 나무 조각을 수증기 증류로 얻은 정유를 사용한다.

수증기 증류법으로 얻은 정유의 주성분은 구조가 비슷한 두 종류의 세스퀴터펜sesquiterpene(α-산탈롤santalol과 β-산탈롤, 탄소수 15개)이다(그림 4.1). 고품질의 백단 정유일수록 이 두 종류 화합물의 함유율이 높다. 천연 정유에는 α-산탈롤과 β-산탈롤이 약 2:1 비율로 들어 있으며 이 중 함유량이 적은 β-산탈롤이 백단 냄새의 중요 성분이다.

그런데 시판되고 있는 백단 정유와 백단 소재의 냄새를 관능 평가로 비교해 보면, 백단 소재에서 나는 상쾌한 냄새가 정유에서는 거의 감지

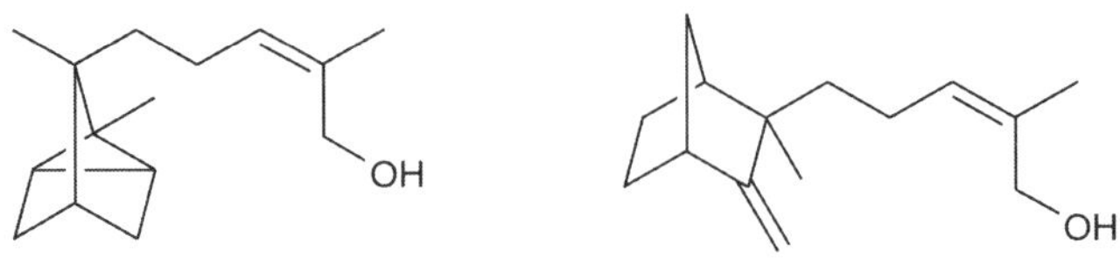

(a) α-산탈롤　　　　　(b) β-산탈롤

그림 4.1_백단 정유의 주성분

되지 않는다. 이런 차이가 나게 하는 냄새 성분은 무엇일까? 여기부터는 이 탐색을 통해 얻은 지견知見을 바탕으로 복합취의 특징을 설명할 것이다.

헥세인을 사용해서 백단 소재로부터 얻은 헥세인 추출물의 냄새는 소재 자체의 냄새 특징을 갖고 있다. 그러나 이 특징은 수증기 증류에 의해 얻어진 정유에서는 나타나지 않는다. 그래서 헥세인 추출물과 수증기 증류물을 ^{1}H NMR로 성분 분석을 시행하였다. 그러나 양쪽 추출물의 ^{1}H NMR 스펙트럼에서는 명확한 차이가 발견되지 않았다. 주성분이 그림 4.1에 표시한 두 종류의 세스퀴터펜이라는 것만 확인될 뿐이었다.

다음 단계로, 헥세인 추출물을 분별 증류했다. 그 결과 주성분으로 구성되어 있는 분획(그룹 C) 이외에, 함유량은 아주 적으나 비교적 낮은 끓는점을 가진 성분으로 구성된 2개의 분획물(그룹 A 및 그룹 B)을 얻었다. 이 분획물들에 대해 관능 평가를 실시한 결과, 그림 4.2에 나타낸 특징을 볼 수 있다. 그룹 C의 냄새 특징은 앞에 기술한 수증기 증류법으로 얻어진 정유 냄새의 특징과 유사했다.

이 결과로부터 백단 나무 소재白檀材의 냄새는 이들 3개의 성분 그룹(A, B, C)으로 구성되어 있으며, 그룹 A와 B 때문에 수증기 증류물의

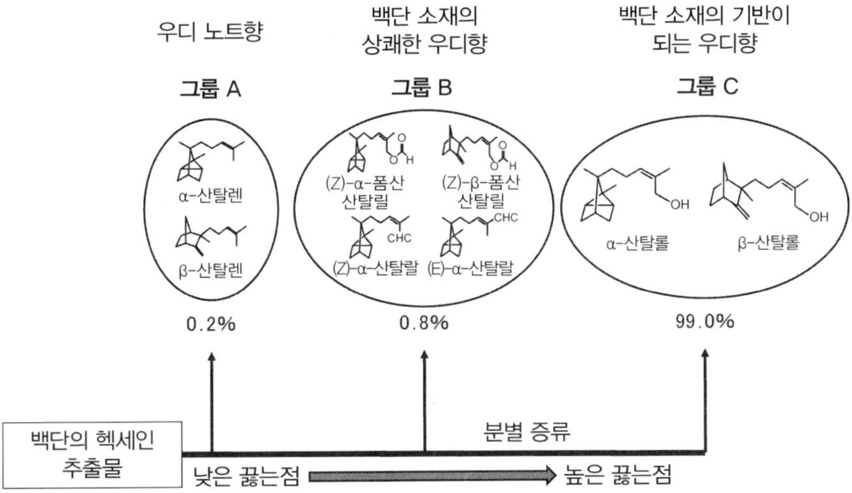

그림 4.2_백단 냄새를 구성하는 주요한 냄새 성분 그룹 A, B, C

냄새와 차이가 난다는 것을 알 수 있다. 이후 진행된 연구로 특히 그룹 B가 중요한 냄새 성분임이 판명되었다.

각 그룹의 성분 구조를 보자. 우선 그림에 나타낸 모든 성분을 보면, 각 분자 골격의 구조가 유사함을 알 수 있다. 그룹 A는 탄소 원자와 수소 원자만으로 된 탄화수소 화합물이며, 그룹 B는 에스터와 알데하이드, 그룹 C는 알코올이다. 에스터나 알데하이드는 알코올보다 냄새가 강한 것이 많다. 따라서 그룹 B는 함유량이 적어도 소재 냄새에 영향을 크게 미칠 것으로 추측된다. 또 알코올보다 끓는점이 낮아서(휘발성이 높아서) head space 향으로 인지되었던 것으로 추정된다.

1장의 논의에 따르면 극성이 있는 부분 구조를 갖는 화합물이 탄화수소보다 끓는점이 높다. 수소 결합이 가능한 하이드록시(OH) 작용기를 갖는 알코올이 되면 끓는점은 더 높아진다. 본 실험에서는 함유 성

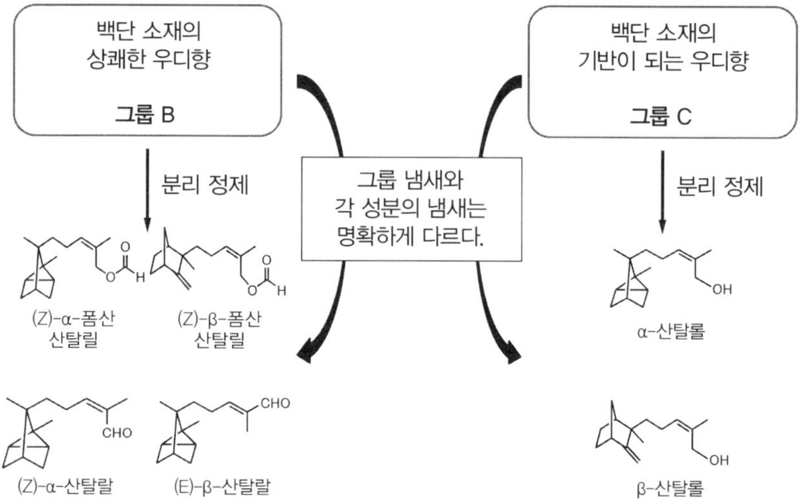

그림 4.3_그룹 B, C의 냄새와 각 성분의 냄새 비교

분의 분자 골격 구조가 유사하기 때문에 작용기 성질에 의한 끓는점 차이가 3개의 그룹으로 나눠진 것으로 생각된다. 일반적으로 천연 정유에 포함된 성분들은 소재에 따라 어느 정도 유사한 분자 골격을 갖는 일이 많다. 따라서 여기 나타낸 결과가 얻어지는 것은 충분히 납득할 만한 일이다. 단, 인공적으로 조합된 향료들은 끓는점 차이로 분획하여도 이렇게 성분 그룹으로 나누기가 쉽지 않다.

어쨌든, 백단의 헥세인 추출물을 끓는점 차이로 나누면 그룹 B 및 C라는, 백단 냄새의 중요한 성분을 포함한 2그룹이 존재함이 판명되었다. 그래서 그룹 B와 C를 크로마토그래피로 분리 정제하여 그 함유 성분을 순수한 물질로 분리하였다. 이렇게 얻어진 각 구성 성분의 냄새 특징에 대한 관능 평가 결과를 그림 4.3에 나타냈다. 결과적으로 그룹 그 자체와 같은 냄새를 나타내는 성분이 존재하지는 않음을 알 수 있다.

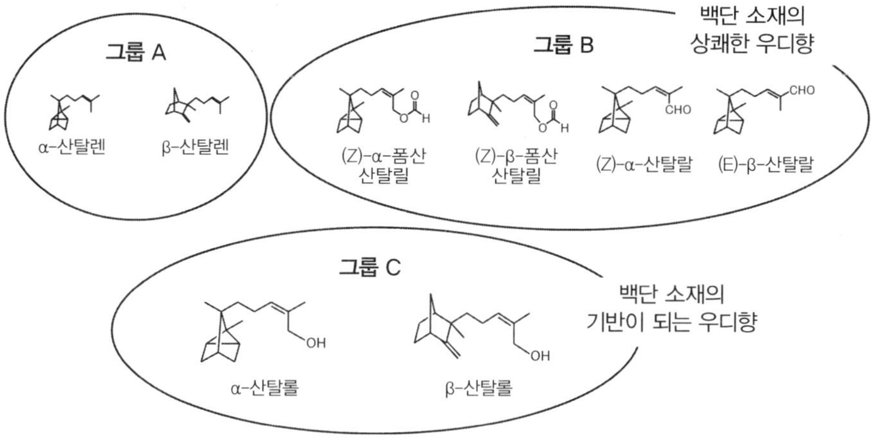

그림 4.4_주요한 3개의 성분 그룹으로 구성된 백단 냄새

개별 성분의 냄새는 어느 것도 그룹의 냄새와는 확실히 달랐다. 비록 개별 성분의 냄새와는 다르지만, 그들을 함유하는 그룹의 냄새는 소재 냄새에 있어 중요하다. 이 결과는 3장에서 설명한 것 같이, 유사한 구조를 한 분자들이 섞여 있어 발생한 상호작용 때문에 소재 냄새가 나게 됨을 의미한다. 이상으로 백단 냄새는 하나하나 개별 성분 냄새의 합이기보다는, 3종류의 중요 성분 그룹으로 구성되어 있다고 생각하는 것이 합당해 보인다(그림 4.4).

2. 유향의 냄새 특성

가장 오래된 향 소재 중 하나인 유향乳香의 영어명은 frankincense이다. 그 원료는 각종 *Boswellia*속 수목에서 얻어지는 수액이다. 독특한 유향 냄새는 향수와 같은 제품에 오리엔탈oriental계 향조를 부가하는 데

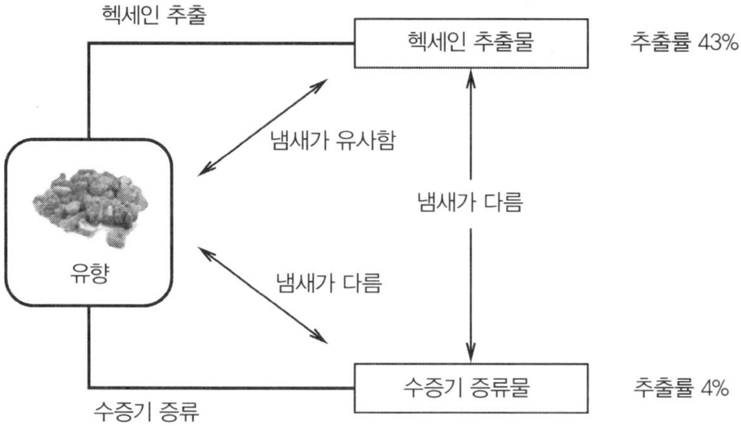

그림 4.5_유향의 헥세인 추출물 및 수증기 증류물의 냄새 비교

사용된다. 이 유향에서 얻어진 헥세인 추출물과 수증기 증류물의 냄새를 비교하였다. 그림 4.5에서 볼 수 있듯이 헥세인 추출물은 소재의 냄새와 유사한 냄새를 갖고 있었으나 수증기 증류물의 냄새와는 달랐다. 이 두 추출물의 함유 성분 차이를 검토하면 유향의 중요한 냄새 성분을 특정할 수 있을 것이라고 생각된다.

유향의 헥세인 추출물과 수증기 증류물의 ^{1}H NMR 측정 결과를 그림 4.6에 나타내었다. 이 그림으로부터 양 추출물에 들어있는 함유 성분이 확실히 다름을 알 수 있다. 또 이 추출물을 크로마토그래피로 분리한 순수한 화합물을 ^{1}H NMR 및 ^{13}C NMR로 측정해서 구조를 해석하였다. 그 결과 헥세인 추출물의 주요 성분은 5종류의 다이터펜diterpene(인센솔insensole 유도체)이며 수증기 증류물의 주성분은 아세트산 옥틸octyl acetate이나 옥탄올octanol 등의 지방족 화합물acyclic compound류임이 판명되었다. 이 결과는 헥세인 추출물의 주성분인 다이터펜류가 유향 냄새

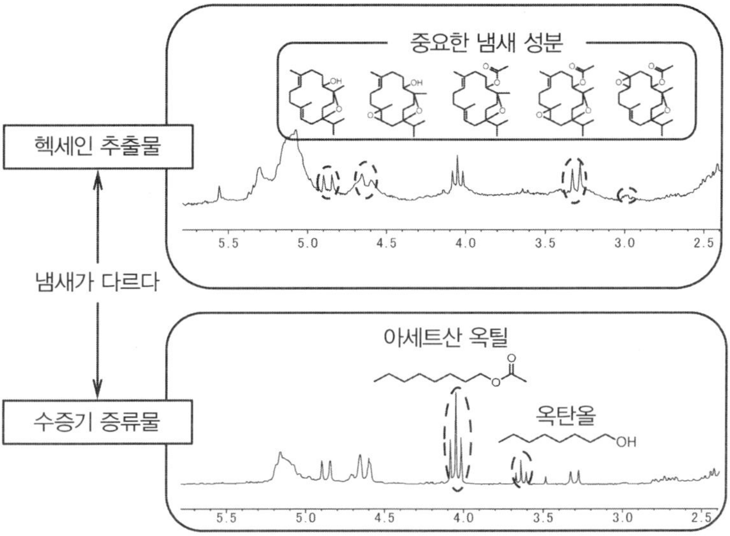

그림 4.6_유향의 헥세인 추출물과 수증기 증류물의 ^{1}H NMR에 의한 함유 성분 분석

의 중요한 냄새 성분이라는 것을 시사한다.

그러나 그림에 나타낸 NMR 결과만으로는 다이터펜류가 유향의 중요한 냄새 성분 그룹이라고 확언하기는 어렵다. 그래서 보다 확실한 정보를 얻기 위해 유향의 헥세인 추출물을 분별 증류하여 그 결과를 그림 4.7에 나타내었다. 이 결과로 백단과 같이 유향에서도 크게 3종류의 냄새 성분 그룹이 존재하는 것이 판명되었다. 각 그룹 중 가장 끓는점이 높은 그룹 C가 소재 자체와 유사한 냄새를 가지고 있는 것도 알았다.

이미 기술한 것처럼 중요한 냄새 성분을 함유하고 있는 그룹 C에는 그림 4.8에 나타낸 5개의 다이터펜류가 포함되어있다. 놀랄만한 것은 이 다이터펜의 냄새는 아주 약할 뿐 아니라, 유향 소재 특유의 강한 냄새와는 아주 달랐다. 그러나 이들 5개의 다이터펜류를 포함한 그룹 C는

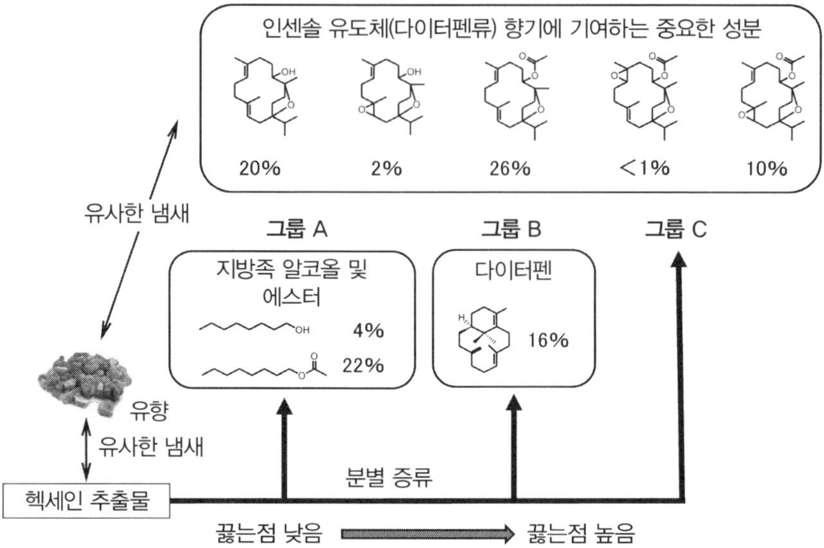

그림 4.7_유향의 헥세인 추출물을 분별 증류하여 3개의 냄새 성분 그룹으로 구분

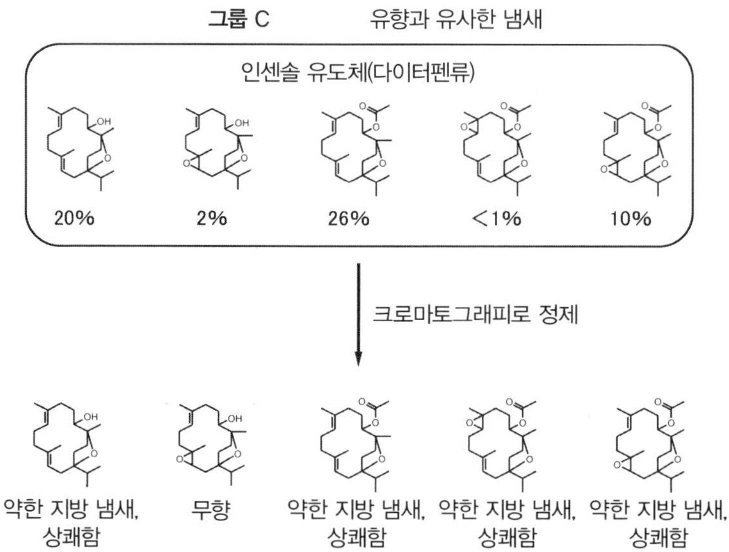

그림 4.8_유향의 향에 기여하는 각 냄새 성분의 특징

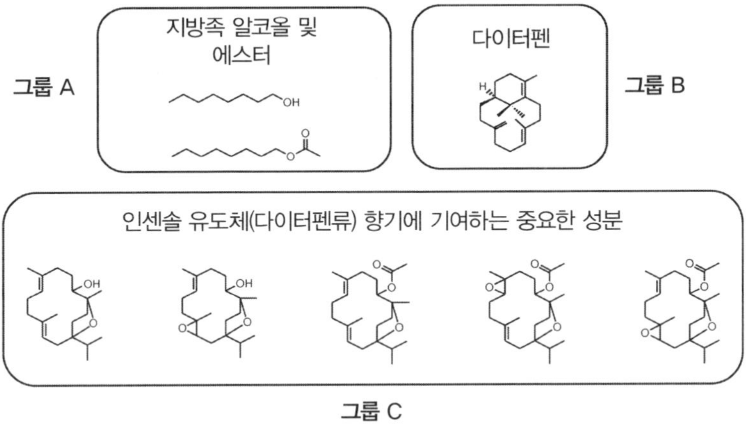

그림 4.9_주요한 3개의 그룹으로부터 발현되는 유향 냄새

유향 냄새에 있어서 중요한 냄새 성분군이다. 즉 이 결과도 역시 백단의 경우처럼, 구조가 유사한 성분이 공존하여 소재의 냄새를 이루기 때문으로 보인다. 이상의 결과로 지금까지 연구로 밝혀지지 않았던 유향의 중요한 냄새 성분이 특정되었고, 그 냄새는 그림 4.9와 같이 3종류의 냄새 성분 그룹에 의해 구성되어 있다고 판명된다.

3. 스타아니스의 냄새 특성

스타아니스star anise(팔각八角)는 대회향大茴香이라고 불리기도 하는 상록수 과실이며 원산지는 중국 남부 및 인도차이나 반도 북부이다. '팔각'이라는 이름에서도 알 수 있듯이 특징적인 모양을 하고 있고, 말린 것은 향신료로 중화요리 등에 사용되고 있다. 또 얻어진 정유는 달고 스파이시한 아니스anise류 특유의 냄새를 갖고 있어, 비누 향이나 식품 향료로도 사용된다.

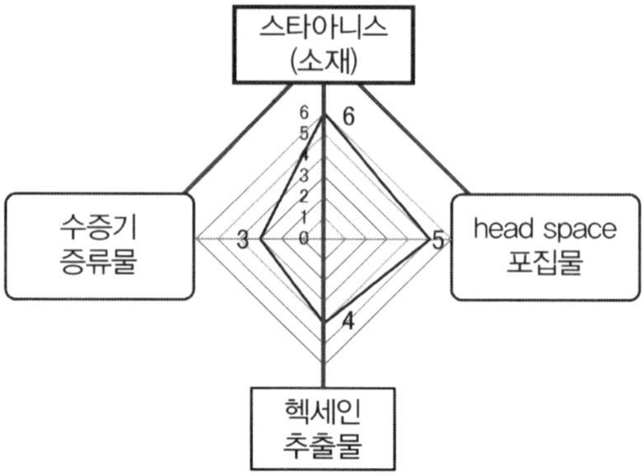

그림 4.10_스타아니스에서 얻은 3종류 추출물의 냄새 비교

이 스타아니스의 냄새 특성을 조사하기 위해 세 가지 방법으로 냄새 성분을 추출했다. 그 결과 끓는점이 낮은 냄새 성분이 가장 많이 분포한다고 여겨지는 head space 포집물, 광범위한 냄새 성분이 포집되는 것으로 생각되는 헥세인 추출물(단, 끓는점이 낮은 냄새 성분은 헥세인을 제거할 때 손실될 가능성이 있다), 비교적 끓는점이 높은 냄새 성분이 많이 포집되는 것으로 여겨지는 수증기 증류물, 이렇게 세 개의 냄새 성분 포집물을 얻었다.

세 추출물의 냄새는 명확하게 달랐다. 각 추출물과 소재 자체의 냄새 유사성을 6단계로 관능 평가를 하여(소재 자체의 냄새를 6점으로 하고, 전혀 닮지 않는 경우를 0점), 그 결과를 그림 4.10에 나타냈다. 가장 유사한(5점) 것은 head space 포집물이었다. 그다음은 헥세인 추출물(4점), 가장 유사도가 낮은 것은 수증기 증류물(3점)이었다.

함유 성분 중에서 냄새 유사성을 결정하는 물질을 찾는 과정을 보자. 우선 NMR과 GC-O에 의해 추출물 속에 들어있는 성분을 분석하

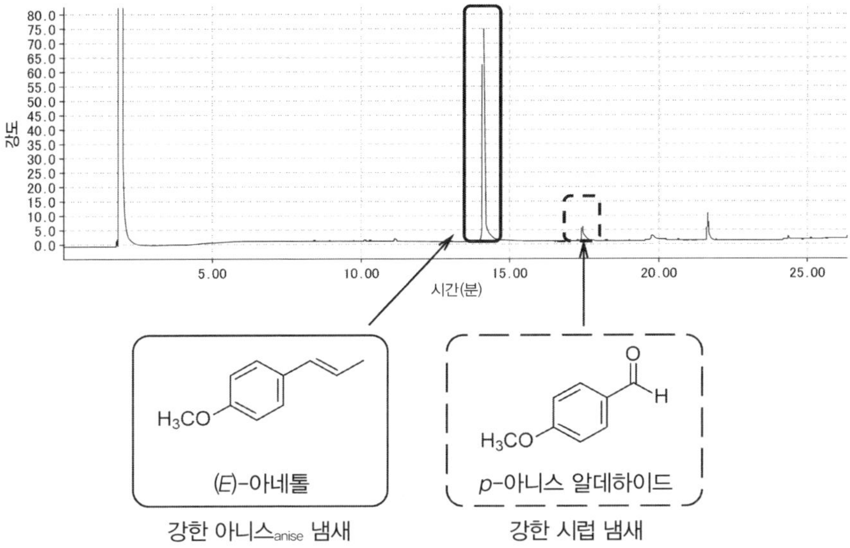

그림 4.11_스타아니스로부터 얻은 헥세인 추출물의 GC-O 분석 스펙트럼

였다. 그림 4.11은 헥세인 추출물의 GC-O 분석 스펙트럼이다. (*E*)-아네톨$_{(E)\text{-Anethole}}$의 함유량이 압도적으로 높으나, 특징적인 강한 시럽 냄새가 나는 *p*-아니스알데하이드$_{p\text{-anise aldehyde}}$의 존재도 확인할 수 있다. NMR에 의한 결과도 같다. 이 두 성분은 이미 알려진 화합물이므로 NMR 데이터베이스에서 입수한 데이터와 비교하여 그 구조를 확인하였다. 또 GC 분석으로 얻은 크로마토그래피의 각 피크를 해석하기 위해 GC-MS로 측정하였다.

관측된 두 성분(아네톨과 아니스알데하이드)의 함유비와 스타아니스 소재의 냄새 사이의 관련성도 조사하였다. 그 결과, 그림 4.12에 나타낸 경향이 나타났다. 종전의 연구에서, 스타아니스의 냄새는 압도적으로 함유량이 많은 (*E*)-아네톨 냄새에 의한 것이었다. 확실히 아네톨의

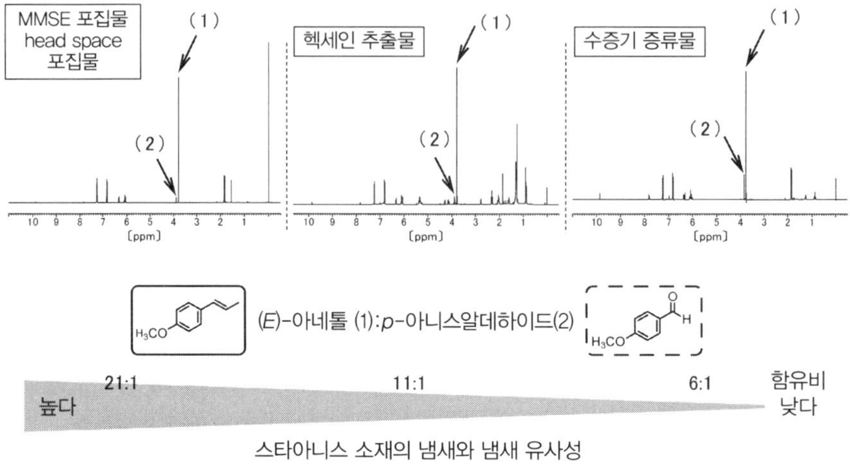

그림 4.12__스타아니스 추출물의 주요 2성분의 함유비를 ^{1}H NMR로 분석하고, 소재 냄새와의 냄새 유사성 비교

냄새는 스타아니스와 꽤 유사하지만, 관능 평가 결과 추출물 사이에서 명확한 차이가 있었다. 그림 4.12를 통해 그 원인 중 하나가 (*E*)-아네톨에 대한 아니스알데하이드의 함량비에 있다는 것을 알 수 있다.

02 식품의 냄새 해석

1. 녹차의 냄새 특성

녹차綠茶를 마실 때는 녹차의 향을 즐긴다. 또 매장에 진열되어 있는 많은 상품이 차의 향을 선전 문구로 사용하기도 한다.

그렇다면 녹차 향을 구성하는 냄새 성분은 무엇일까? 지금까지 많은 연구자가 녹차의 냄새 성분을 분석해 왔다. 그 결과 현재까지 600종

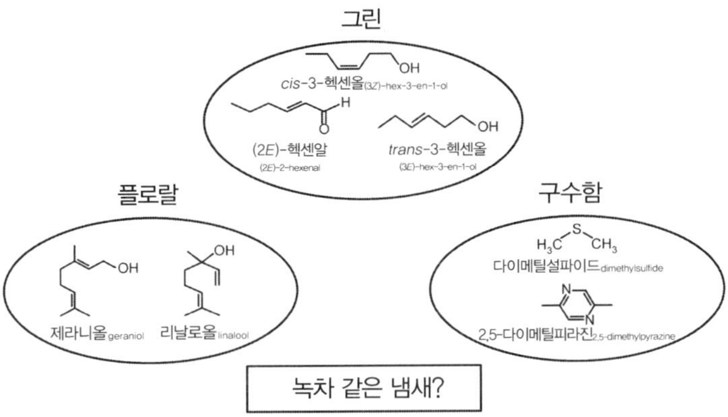

그림 4.13_녹차의 향을 구성하는 다양한 냄새 성분

이상의 냄새 성분이 보고되고 있으며, 그 종류도 다양하다(그림 4.13). 대표적으로는 제라니올geraniol이나 리날로올linalool과 같은 꽃 향을 구성하고 있는 성분, 풀이나 잎의 향을 구성하는 헥센올hexenol 성분, 해초나 커피 등에서 좋은 향을 내는 다이메틸설파이드dimethylsulfide 등이 있다. 이외에도 여러 가지 냄새 특징을 갖는 성분이 함유되어 있음이 판명되었다. 실제 녹차 향은 이 많은 성분 모두에 의해 만들어진다고 지금까지 읽어온 독자라면 쉽게 추측할 수 있을 것이다. 그리고 이 성분들의 조합 차이에 의해 여러 가지 차의 향이 만들어진다.

그런데 녹차의 냄새와 완전히 똑같은 냄새 성분은 없는 것인가? 3장에서 설명한 복합취, 또 앞 절에서 설명한 백단이나 유향 냄새에 대한 결과들을 돌이켜 보자. 하나의 냄새는 몇 가지 주요한 냄새 성분 그룹으로부터 이루어져 있었다. 그리고 그 그룹 중에는 소재 그 자체의 냄새와 유사한 냄새를 갖고 있는 것도 존재했다. 그렇다면, 녹차와 같은 냄새를 갖는 '성분'은 확실히 없을지도 모르나 녹차 같은 냄새를 갖는

'성분 그룹'이라면 있을 수도 있지 않겠는가? 이 생각을 토대로 녹차의 향을 검토한 결과를 보자.

녹차에는 여러 품종이 있다. 일본에서 가장 인기가 좋은 것은 '야부키타'라는 품종이다. 시판되고 있는 많은 녹차가 이 품종을 기본으로 혼합(블렌드)되고 있다. 야부키타 외에도 여러 품종이 있으며, 이들은 각각 특징적인 냄새를 가지고 있다. 실험에는 야부키타를 포함해 '사야마카오리', '사미도리早緑,' '우지미도리'의 4품종을 선정하고, 각각 헥세인으로 냄새 성분을 추출했다. 추가로 야부키타를 볶아서 만든 호지차ほうじ茶에서도 헥세인 추출물을 얻었다. 추출물의 냄새는 모두 소재 그 자체의 냄새와 닮아 있었다.

다음으로 이 추출물로부터 끓는점이 낮은 성분만을 감압 분별 증류로 분리하여 관능 평가를 실시하였고, 그 결과 모두 각 차의 특징적인 냄새를 갖고 있음이 판명되었다. 한편, 증류를 하고 난 찌꺼기는 모두

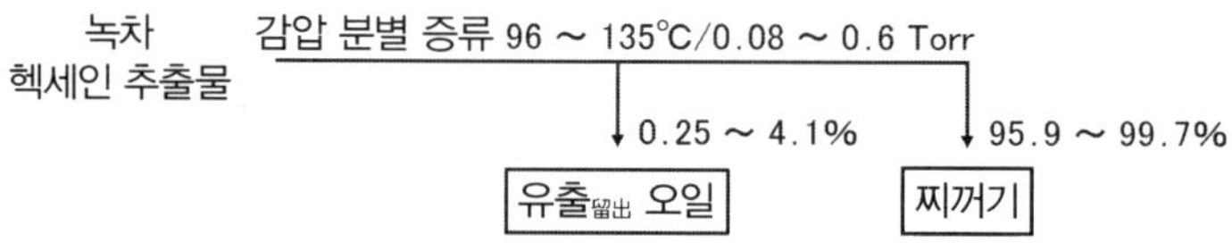

제품	품종	추출물 냄새	찌꺼기 냄새
전차煎茶(황차)	야부키타	떫음, 단맛	말차抹茶 같은 향
전차煎茶(황차)	사야마카오리	구수함, 단맛	말차抹茶 같은 향
전차煎茶(황차)	사미도리	플로랄, 탄 냄새	말차抹茶 같은 향
전차煎茶(황차)	우지미도리	플로랄, 탄 냄새	말차抹茶 같은 향
호지차	야부키타	탄 냄새, 달콤한 구수함	말차抹茶 같은 향

황차荒茶 : 갓 딴 잎을 증기로 쪄 말린 채 아직 정제하지 않은 차

그림 4.14_녹차로부터 얻은 헥세인 추출물의 냄새 성분을 분별 증류한 결과

말차抹茶와 같은 냄새를 갖고 있었다. 즉, 이 증류 찌꺼기에 목적으로 하는 냄새를 갖는 성분 그룹이 있음을 의미한다. 결과를 그림 4.14에 정리하였다.

그렇다면 어떤 실험을 진행하면 좋을까? 그 힌트는 ^{1}H NMR 데이터에 있었다. 감압 분별 증류로 얻어진 말차 냄새가 나는 찌꺼기를 ^{1}H NMR로 분석한 결과, 모두 특징적인 화합물을 함유하고 있음을 알게 되었다. 바로 알데하이드류이다. 그림 4.15에 나타낸 것처럼 분석 결과로부터 여러 선의 폼일formyl(CHO)기에 의한 흡수가 관찰되었다. 폼일기를 갖는 물질이라면 알데하이드류이며 일반적으로 알데하이드류는 강한 냄새를 가지고 있다. 그래서 이 알데하이드류에 착안하여 분석하기로 했다. 우선 크로마토그래피로 이 알데하이드류를 정제하였다.

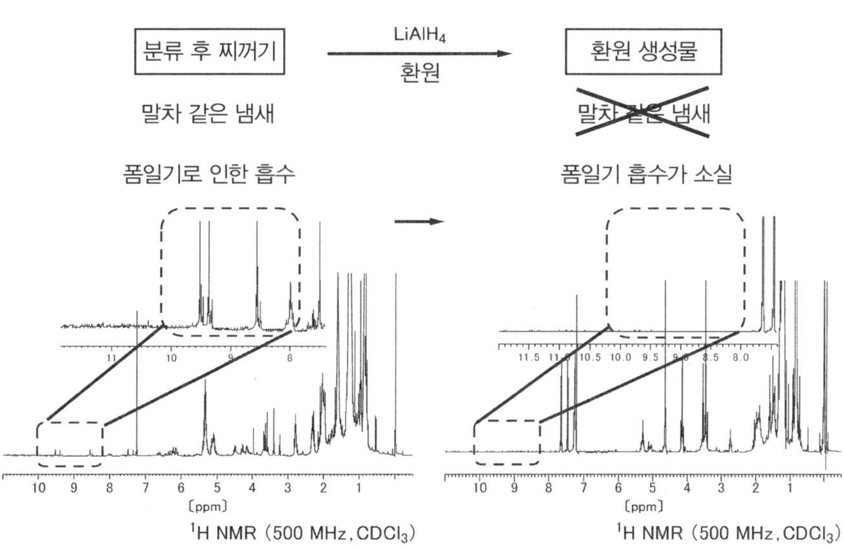

그림 4.15_분석에서 관측된 폼일기 흡수와 환원에 의한 소실

그러나 알데하이드기는 불안정하기 때문에 순수한 형태로 분리해내지는 못했다. 그래도 알데하이드류 정제 과정에서 중요한 정보를 얻을 수 있었다. 즉, 정제 과정에서 얻어진 많은 분획물 중, 말차와 같은 냄새를 가지고 있는 분획물에서는 꼭 폼일기(CHO)에 의한 흡수를 볼 수 있다는 것이다.

만약 이 알데하이드류가 말차와 같은 냄새와 연관되어 있다면 어떤 방법으로든 이 알데하이드류를 다른 화합물로 바꿨을 때 말차와 같은 냄새가 없어지지 않을까? 그래서 알데하이드를 환원시켜 알코올로 바꿔 보기로 했다. 알코올의 냄새는 알데하이드류에 비해 약해서, 쉽게 냄새 변화를 볼 수 있을 것이라는 기대도 있었다. 환원시킨 결과 그림 4.15에 나타낸 것처럼 폼일기(CHO)로 인한 흡수가 소실되는 동시에 말

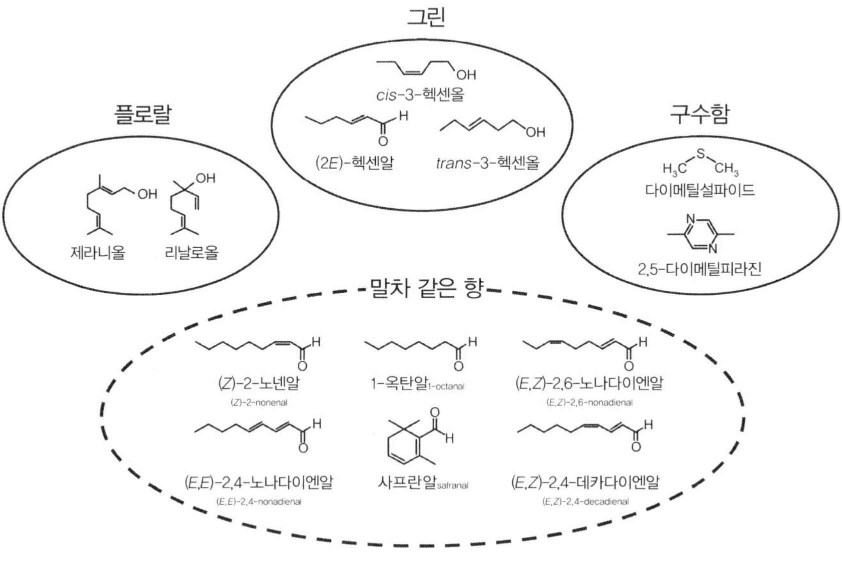

그림 4.16_실험으로 판명된 녹차에서 말차와 같은 냄새를 형성하는 성분군

차 냄새도 없어졌다. 얻어진 환원체에는 새로운 알코올류가 들어 있음이 확인되었다. 이 알코올류는 말차 같은 냄새를 낸다고 생각되는 알데하이드류가 환원된 것으로 보인다. 이를 기초로 생성된 알코올류를 해석하고, 그림 4.16에 그 결과를 표시했다. 표시한 알데하이드류가 말차 냄새를 내는 성분들이다.

2. 일본술의 냄새 특성

일본술日本酒(사케)은 일본 문화의 알코올 음료이다. 일본술이 갖는 특징은 뭐라 해도 술의 향이다. 그 특징을 살려 요리 등에도 사용된다. 이 향은 맥주, 와인, 위스키와 같은 알코올 음료와는 명확하게 다르다. 그 원인은 다른 알코올 음료와는 다른 독특한 일본술 제조 공정에 있다고 본다. 따라서 제조 공정에서 일본술 냄새 성분의 함유 상황이나 조합이 어떻게 변하는가를 검토하는 것이 일본술이 갖는 향의 특징을 조사하는 데 필수적일 것이다.

일반적인 일본술 제조 공정을 그림 4.17에 나타내었다. 일본술은 쌀, 물, 쌀누룩米麴을 주원료로 하며, 다양한 공정을 거쳐 만들어진다. 일본술이 갖는 향을 조사하기 위해, '모로미 A(거르지 않은 술)'에서부터 시판 중인 '일본술 (3)'까지, 그림 중 사각형으로 표시한 7개 시료에 포함되어 있는 냄새를 분석하여 각 공정에서 일어나는 성분의 변화를 검토했다.

이렇게 냄새 성분이 변하는 것을 추적하여, 일본술의 향이 어떻게 형성되는지를 알아보려는 요량이다. 이 제조 공정 중에서 가장 냄새 변화가 컸던 짜는 공정(공정 ②)에서 얻은 시료를 GC-MS로 분석한 결과를 살펴보자. 짜는 공정에서는 모로미 B가 생주生酒와 술지게미酒粕로 분리된다. 생주와 술지게미에서 얻은 포집물을 GC-O 및 GC-MS로 분석하여 결과를 그림 4.18에 나타내었다.

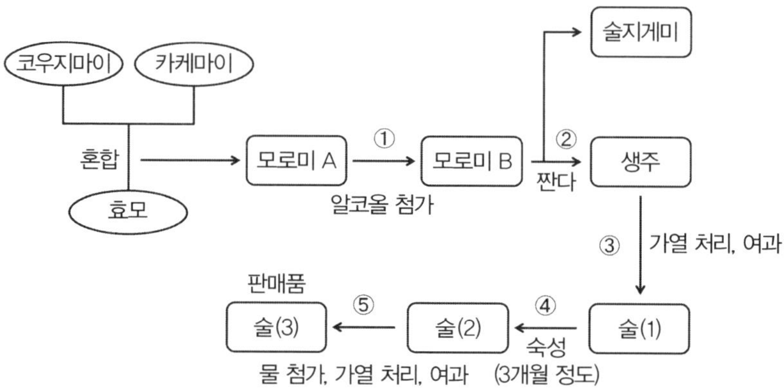

코우지마이麹米: 누룩을 만드는 데 사용되는 쌀
카케마이掛米: 누룩을 만든 후 본격적인 양조를 위해 사용하는 쌀

그림 4.17_ 일본술의 일반적인 제조 공정

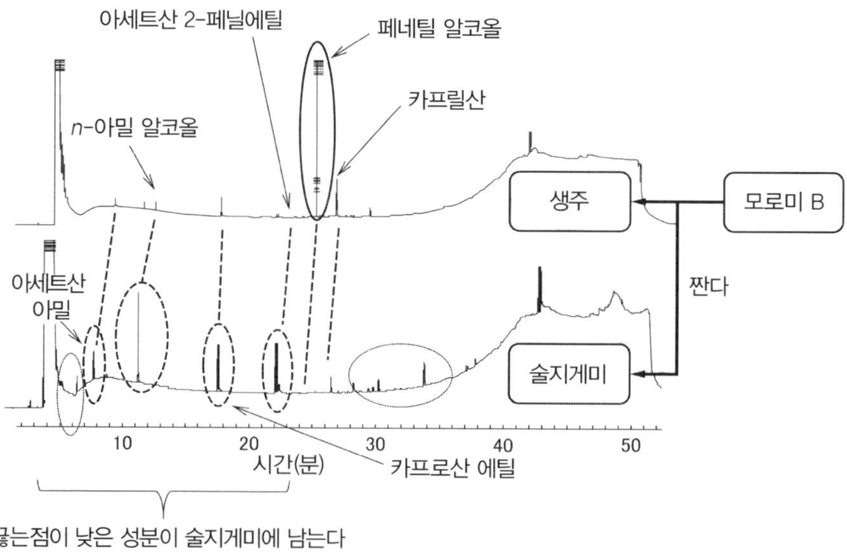

그림 4.18_ 공정 ②에 대한 냄새 분석 비교(2개 분석을 정리한 것)

결과를 보면, 두 포집물에서 명확한 차이가 나타났다. 생주에서는 아세트산 아밀amyl acetate, *n*-아밀 알코올*n*-amyl alcohol, 카프로산 에틸ethyl caproate, 아세트산 2-페닐에틸2-phenylethyl acetate의 함유량이 술지게미보다 매우 적다. 대신 장미 향의 주성분인 페네틸 알코올phenethyl alcohol과 지방 냄새의 카프릴산caplyric acid이 주성분이다. 한편 술지게미에는 과일 향의 아세트산 아밀, 카프로산 에틸, 아세트산 2-페닐에틸 등의 에스터류 및 와인 냄새의 주성분인 *n*-아밀 알코올*n*-amyl alcohol이 많이 포함되어 있음을 확인하였다. 즉, 이 공정에서 단맛을 내는 냄새 성분이 술지게미와 더불어 분리됨으로써 일본술이 갖는 독특하고 상쾌한 향이 나온다고 생각할 수 있다.

그림 4.19에는 모든 공정에 대한 GC 분석 결과를 정리했다. 이상의 검토로부터 일본술의 향을 결정하는 중요한 공정은 짜는 데 있다고 여겨진다. 이 짜는 공정을 통해, 발효로 생성된 많은 에스터류가 술지게

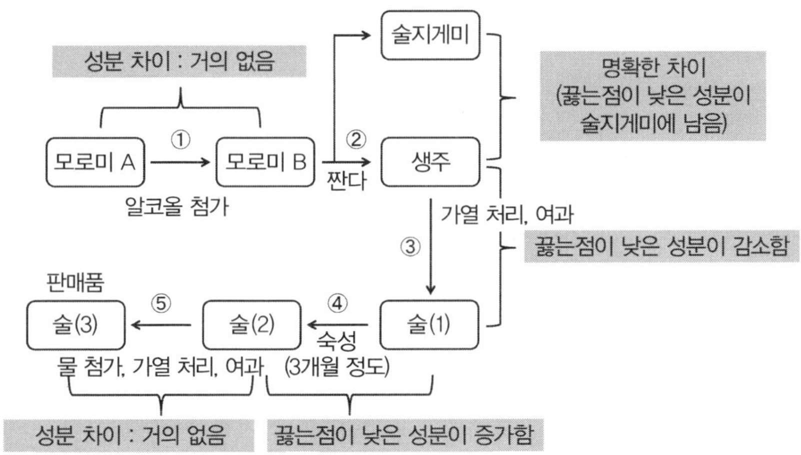

그림 4.19_ 일본술 제조의 각 공정에서 냄새 성분의 변화

미로 옮겨져서, 술의 향이 깔끔해지는 것이다. 그리고 가열 및 숙성 과정에서 카복실산류가 에스터화되어 일본술이 갖는 순한 향이 나온다고 추정된다.

칼럼 7

냄새라는 것은 어디에서 오는가?

좋은 냄새가 난다고 생각하며 길을 걷다 보면 발 앞에 꽃이 피어 있는 경우가 있다. 이 경우는 꽃에서 냄새 성분이 나온 것이다. 어떤 냄새가 발생하기 위해서는 그 냄새가 나는 곳에 냄새의 근원이 되는 성분이 존재해야 한다. 그렇다면 그 냄새의 근원은 도대체 그 소재의 어느 부분에 있을까? 우리 주변의 예를 보자.

대표적 감귤류인 오렌지의 냄새는 리모넨을 주성분으로 하는 수십 종류의 성분으로 구성되어 있다. 그 냄새 성분은 오렌지 껍질에 있는 입자처럼 보이는 부분(유포油泡라 한다) 속에 꽉 차 있다(**그림**). 오렌지를 먹기 위해 껍질을 벗기면, 그 입자가 터져서 냄새 분자가 공기 중으로 퍼져 나온다. 그 결과 우리는 오렌지 특유의 냄새를 느끼게 되는 것이다. 오렌지를 맛있게 먹으려면 껍질을 벗기면서 먹는 것이 최선이다. 그렇다면 오렌지 과육 중에도 이 냄새 성분이 존재할까? 있기는 있지만 양은 아주 적다. 오렌지 과육 대부분은 수분이지만 냄새 성분은 친유성이기 때문

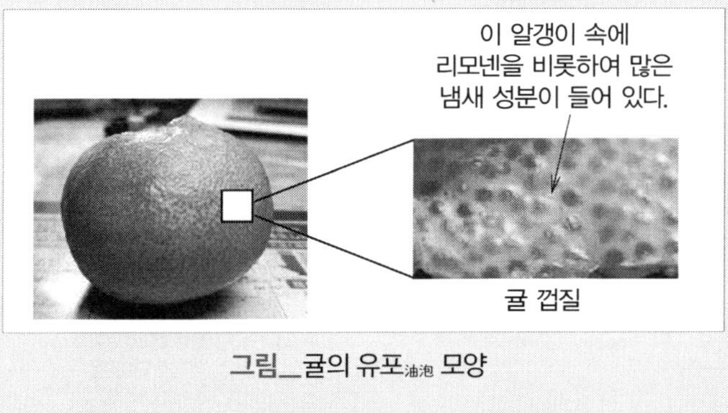

그림_귤의 유포油泡 모양

에 당연히 과육 중에는 냄새 성분이 녹아 있지 않다고 할 수 있다.

그렇다면 식물의 냄새 성분은 어디에 있을까? 예를 들면 풀 잎사귀를 비볐을 때 나는 그 풀 냄새의 근원은 잎에 있을까? 실은 그 잎 냄새의 근원이 되는 *cis*-3-헥센올(잎 알코올)은 잎을 짓찧을 때 분비되는, 즉 잎이 스스로 만들어내는 냄새 성분이다. 이처럼 식물이 받는 어떤 자극에 의해 식물 자신이 만들어내는 냄새 성분도 존재한다.

그렇다면 야채를 볶을 때 나는 냄새는 어디서 온 것일까? 소재 그 자체에 포함되어 있는 냄새 성분이 데워지면서 증발한 것일까? 물론 그럴 수 있지만, 반드시 그렇지는 않다. 열을 가함으로써 식물에 포함되어있는 성분끼리 반응을 해서 새로운 냄새가 생기기도 한다. 이런 의문은 끝이 없으니, 연구하면 할수록 냄새의 발생원이 다양하다는 것을 알게 된다. 이처럼 냄새라는 것은 정말로 여러 가지의 길을 통해 발산되고 있다.

칼럼 8

과일 파르페parfait에 오렌지 조각을 장식하는 이유는?

과일 파르페에서 껍질이 붙어 있는 오렌지가 장식되어 있는 걸 본 적이 있는가? 껍질은 먹지 않는데 왜 일부러 붙어 나올까? **칼럼 7**을 읽은 독자는 그 이유에 대해 짐작하리라 본다. 오렌지 냄새 성분은 껍질에 많이 존재한다. 그래서 오렌지 냄새를 충분히 풍기기 위해서는 오렌지 껍질이 필요한 것이다. 아무리 오렌지 과육이 즙이 많고 달지만, 오렌지 냄새가 나지 않으면 그 맛은 반감된다. 오렌지 깡통 통조림에 들어있는 오렌지 알맹이를 먹는 것보다는 오렌지의 껍질을 벗기면서 먹을 때 더 맛있게 느낀다. 맛이 (통조림 혹은 생과일이라는) 오렌지의 신선도에 좌우된다기보다는, 껍질을 까면서 먹는 쪽이 보다 냄새를 강하게 느끼기 때문이 아닐까?

그 외에 스테이크 전문점에서는 철판에 뜨거운 스테이크를 올려서 제공하거나 눈앞에서 철판에 구워주기도 한다. 이는 손님들이 스테이크의 향기로운 냄새를 충분히 맡도록 하기 위한 하나의 방법이다. 식은 스테이크가 맛이 없는 것은 고기가 단단해서 씹기 힘든 것도 하나의 이유이지만, 무엇보다도 냄새가 그렇게 나지 않기 때문일 것이다. 불고기의 맛에도 냄새가 큰 역할을 하고 있다고 생각된다. 이런 예로도 알 수 있듯이, 냄새는 사람의 식생활에 꼭 필요한 요소이다.

그렇다면, 찬 음식물은 냄새가 나지 않으므로 맛있게 먹을 수 없을까? 꼭 그렇지만은 않다. 찬 음식을 먹을 때도 우리는 확실하게 식재료의 냄새를 느끼고 맛을 본다. 우리가 입안으로 먹을 것을 넣으면, 입안의 온기가 음식을 따뜻하게 데워서 냄새 성분이 나오게 되고, 우리는 그 냄새를 느낄 수 있는 것이다(**그림**). 이렇게 느끼는 냄새를 retronasal (구강향기口腔香氣: 입과 목을 통해 느껴지는 향기)이라고 한다. 이에 비해 밖에서 들어오는 통상의 냄새를 orthonasal(비강향기鼻腔香氣: 외부에서 코로 들어와 느껴지는 향기)이라고 한다. 즉, 사람은 음식을 먹을 때 안과 밖 양쪽에서부터 식품의 냄새를 맛보고 있는 것이다.

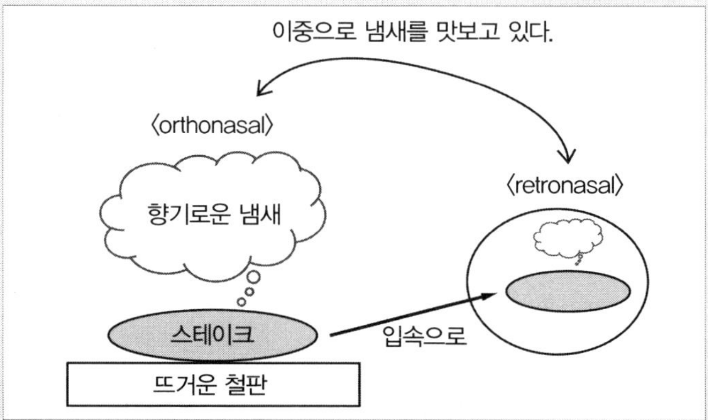

그림_사람이 음식물의 냄새를 느끼는 구조

5장

냄새 분자의 구조 변화에 의한 냄새의 변화

냄새 분자가 발현하는 냄새의 특징은 그 분자 구조와 밀접한 관계가 있다. 유사한 구조를 갖는 화합물들의 냄새는 서로 비슷하고, 다른 냄새를 갖는 분자들의 구조는 서로 다르다. 분자 구조의 어떤 특징이 냄새에 영향을 미치는지는 냄새 인식 메커니즘과 밀접한 관계가 있다. 이 장에서는 냄새 분자의 구조적 특징과 냄새의 특징에 대해 설명한다.

01 냄새 분자의 구조가 변하면 냄새는 어떻게 변하나?

냄새 소재에서 나는 냄새는 많은 냄새 분자들이 모여서 발현되는 것이다. 지금까지 많은 냄새 분자가 모이는 것이, 냄새 발현 메커니즘을 복잡하게 한다는 것을 설명해왔다. 이 복잡성을 이해하기 위한 실마리는 사람의 후각 메커니즘을 기본으로 해석하는 데 있다. 즉, 3장에서 기술한 냄새 분자 사이의 상호작용을 고려해서 냄새 분자를 그룹으로 나누고, 이로부터 냄새 소재가 갖는 냄새 특성을 해석하는 방법이다. 이를 '향기 프로파일profile 해석'이라 부르기로 한다.

향기 프로파일 해석에서 중요한 점은 '냄새 수용체가 받아들인 냄새 분자의 구조 유사성'이다. 왜냐하면 사람이 몇 개의 냄새 분자를 비슷한 냄새라고 인식하는 중요한 이유는, 냄새 수용체가 그 분자들의 모양이 닮았다고 인식하고, 그것이 냄새의 유사성으로 발현하고 있기 때문이다. 따라서 유기화학적 관점에서 냄새 구조를 규명할 때는 '냄새 분자의 체계적인 냄새의 유사성'과 '냄새 분자의 분자 구조 유사성'과의 관

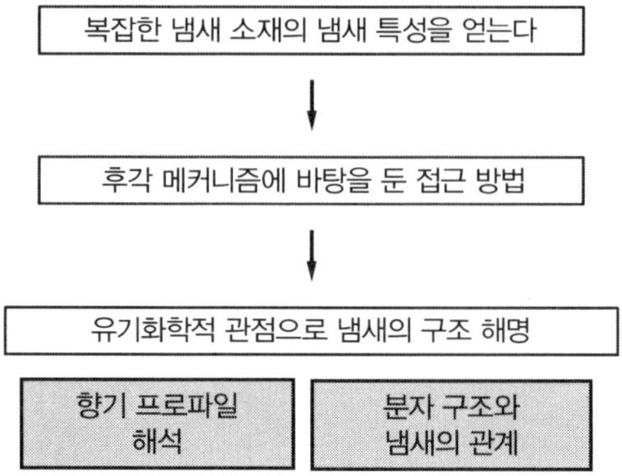

그림 5.1_복합취 냄새 특성에 대한 유기화학적 접근 방법

계에 대한 지식과 식견이 필수적이다(그림 5.1). 즉, 냄새 분자 구조와 그 냄새와의 관계에 대한 법칙을 찾아내야만 한다. 이 장에서는 몇 개의 구체적인 냄새 분자를 들어서, 냄새 분자의 구조적 특징의 어느 부분이 냄새의 발현에 관련되는지를 설명한다.

냄새의 근원은 냄새 분자에 있고, 냄새의 차이는 냄새 분자의 구조가 다름이 원인이다. 그렇다면 냄새 분자의 어떤 구조 변화가 냄새의 변화를 초래할까? 유기 분자의 성질에 크게 관계하는 구조적 요소로 작용기가 있다. 확실히 작용기가 바뀌면 냄새는 변한다. 그러나 그 이상으로 분자 그 자체의 모양이 냄새의 특징에 큰 영향을 준다. 백단의 주요 냄새 성분인 α-산탈롤α-santalol의 구조를 부분적으로 바꿔서, 냄새가 어떻게 변하는가를 보자(그림 5.2).

α-산탈롤에는 하이드록시기(OH기)라는 작용기가 있다. 즉, 이것은 알코올이다. 그렇다면 이 알코올을 산화시켜 알데하이드로 바꾸면 냄새는 어떻게 될까? 결과는 조금 단맛 향이 첨가되었으나, '백단 냄새'라

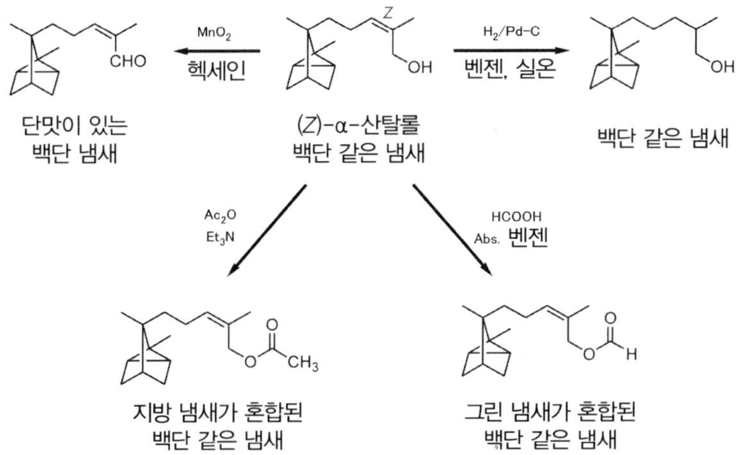

그림 5.2_α-산탈롤로부터 각종 유도체 합성

고 하는 기본적인 특징은 유지되었다. 또 α-산탈롤에 아세틸기($COCH_3$)를 도입하여 아세틸화한 경우는 지방 냄새가 좀 나지만, 이 분자도 기본적으로는 백단 같은 냄새를 갖고 있다. 폼산 에스터(OCOH의 구조를 갖는 에스터)로 바꾼 경우에는 그린green 향이 혼입된 백단 같은 냄새가 난다. 즉 작용기가 바뀌면 냄새의 차이가 약간 생기기는 하지만, 실제 이들 분자는 기본적인 백단 냄새를 풍기고 있다.

다음 절에서 자세히 설명하겠지만 이 냄새 원인은 α-산탈롤이 갖고 있는, 부피가 큰 바구니 모양의 특징적인 분자 골격 구조에 있다. α-산탈롤 가지 사슬에는 이중 결합이 하나 있다. 수소를 첨가해서 이중 결합을 단일 결합으로 바꾸어도 그 분자의 냄새는 거의 변하지 않는다. 유기화학적으로 이 분자 변환은 불포화 분자에서 포화 분자로 바뀌는 큰 변화이지만, 냄새라고 하는 성질에 있어서는 그렇게 큰 변화는 아닌 거 같다. 이에 대해서도 다음 절에 자세히 설명한다.

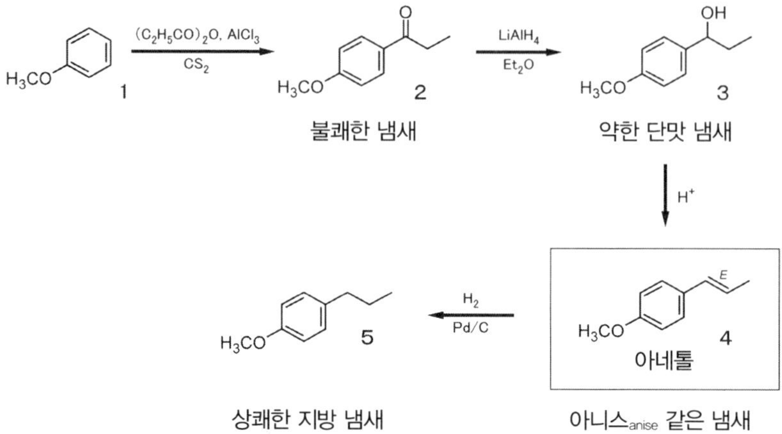

그림 5.3_아네톨 관련 화합물 합성

예를 하나 더 들어, 스타아니스 냄새의 주성분인 아네톨anethole(그림 5.3의 4) 구조의 차이에 의한 냄새 변화를 보자. 아네톨은 벤젠 고리를 갖는 방향족 화합물이다. 그림에 나타낸 것처럼 벤젠 골격 구조에 치환된 작용기 구조를 여러 가지로 바꾸면, 냄새가 크게 바뀐다. 예를 들면 불쾌한 냄새를 내는 케톤체(그림 5.3의 2)를 알코올체(그림 5.3의 3)로 바꾸면 단맛이 나는 냄새로 변한다. 나아가 이중 결합으로 바꾸면 아니스anise와 같은 냄새의 아네톨로, 다시 포화체(그림 5.3의 5)로 변환시키면 상쾌한 지방 냄새가 난다. 이렇게 작용기를 변화시키면 분자 냄새도 크게 바뀐다. 즉, 아네톨 경우에는 산탈롤과는 달리 작용기의 변화가 냄새에 영향을 크게 미친다.

이상 두 예로부터 밝혀진 것같이 냄새 분자 구조와 냄새와의 관계는 간단하지는 않다. 그러나 적어도 분자의 골격 구조가 기반이 되며 거기에 작용기 특징이 더해져서 냄새 분자의 냄새 특징이 만들어진다고 볼

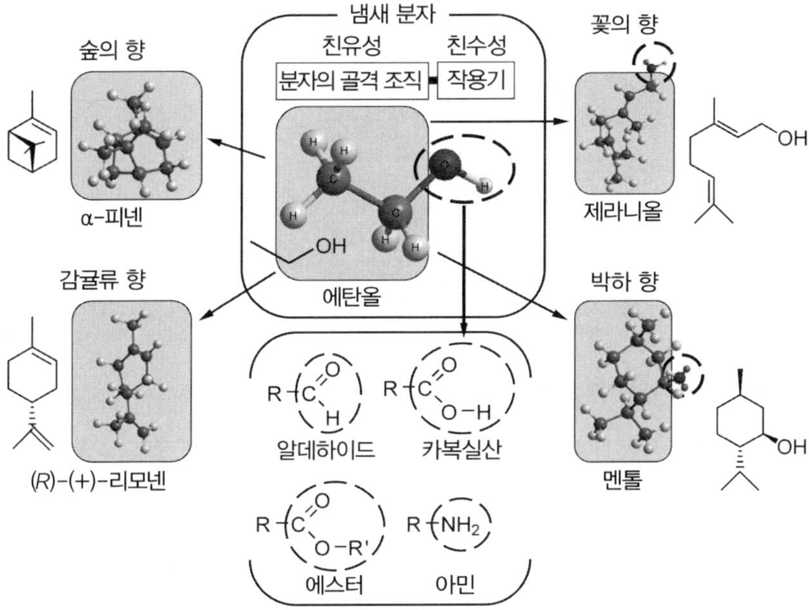

그림 5.4_냄새 분자의 구조 변화와 냄새의 변화

수 있다. 단지 이 두 요소 중 어느 쪽이 중요한가에 대해서는 현재까지 얻어진 정보로는 명확하지 않다. 확실한 것은 분자 골조骨組와 작용기라고 하는 두 요소가, 냄새 분자가 냄새를 발현하는 데 열쇠가 된다는 것이다(그림 5.4).

02 백단의 주요 냄새 성분인 산탈롤의 구조 변화와 냄새의 관계

백단의 주요 냄새 성분인 α-산탈롤의 분자 구조를 그림 5.5에 나타내었다. 이 분자의 구조상 특징은 무엇보다도 그 분자의 모양에 있다. 분자

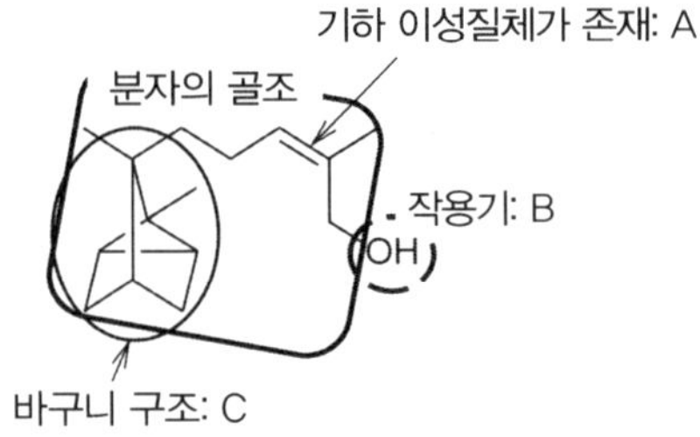

그림 5.5_α-산탈롤의 특징적인 분자 구조

는 바구니형 구조(그림 5.5의 C)와 사슬상 분자 구조로 구성되어 있다. 또 이 구조에 하이드록시기(OH기, 그림 5.5의 B)가 결합하고 있다. 그리고 사슬상 구조에는 이중 결합이 하나 있다. 그 이중 결합에 의한 기하 이성질체(cis-trans 이성질체)가 존재한다(그림 5.5의 A). 구조상 3개의 특징을 고려하여 그림 5.6에서처럼 구조를 바꿨다.

우선 기하 이성질체(부분 구조 A 변환)에 의한 구조와 냄새의 변화

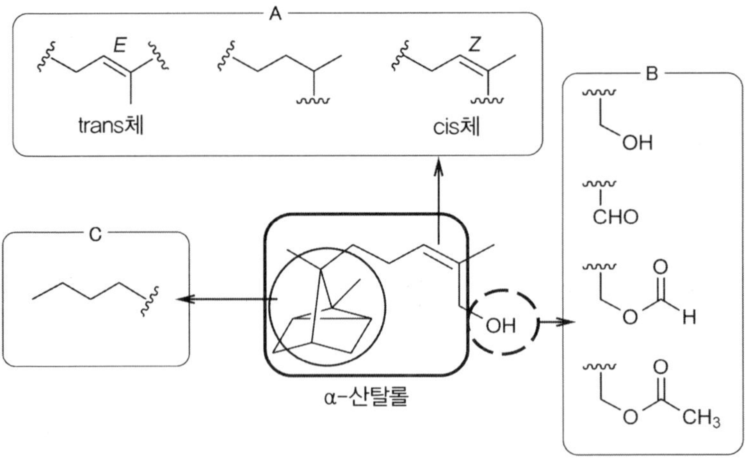

그림 5.6_α-산탈롤 3개 부분의 구조 변환

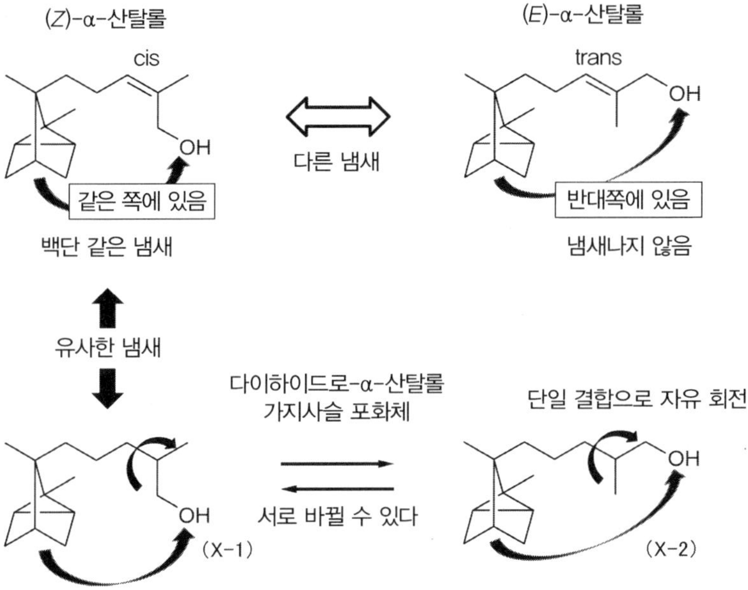

그림 5.7_α-산탈롤의 부분 구조 A의 변환과 냄새와의 관계

를 그림 5.7에 나타냈다. 백단의 주요 냄새 성분인 (Z)-α-산탈롤은 cis체이다. 그리고 그 기하 이성질체인 trans체는 냄새가 나지 않으며, 완전히 다르다. 이 차이는 분자 구조 차이에 의한 것으로 이해된다. OH기가 분자 골격 중 바구니형 구조와 같은 쪽에 있는 cis체에 비해, trans체는 양 부분 구조가 서로 반대쪽으로 멀리 떨어져 있다. 단순히 이렇게 분자 모양이 달라져도 냄새가 달라지는 것이 이상하지는 않다. 실제로 여기 소개한 예에 한정되지 않고 cis체와 trans체의 냄새가 다른 냄새 분자의 예는 많다.

그런데 이 α-산탈롤계에는 신기한 현상이 보고되고 있다. (Z)-α-산탈롤의 가지 사슬에 있는 이중 결합을 포화시킨 다이하이드로dihydro체의 냄새가 (*Z*)-α-산탈롤과 냄새가 아주 유사하다는 점이다. 이 두 분자의 구조는 통상 완전히 다르다고 본다. 그러나 바구니형 구조와 OH기의 관계에 착안해보면, 그림 5.7에 나타낸 것처럼 다이하이드로체는 단일 결합이 자유롭게 회전하면서 α-산탈롤의 cis체와 유사한 입체적 구조(X-1)를 보일 수 있다. 그러면서 trans체와 유사한 입체 배치인 X-2의 양쪽 배치가 모두 가능하다. 다이하이드로체는 X-1 배치를 취함으로써 사람의 냄새 수용체에서 cis체와 유사한 구조를 가진 분자로 인식됨을 추정할 수 있다. 그래서 다이하이드로체가 cis체와 유사한 냄새를 갖는 것이다.

그렇다면 이런 현상은 OH기를 갖는 알코올에서만 볼 수 있는 것인가? 이를 알아보기 위해 부분 구조 A를 변환시킨 α-산탈롤에 대하여 OH기 대신 그림 5.6에 나타낸 몇 개의 작용기(그림 중 B)를 도입한 분자를 합성하여 그 냄새의 특징을 조사했다. 그 결과는 그림 5.8에 정리했다. 작용기 차이에 의한 냄새 변화가 있기는 하지만, cis체의 분자는 모두 백단의 특징적인 냄새를 갖고 있었다. 또 모든 작용기에 대해서도 상응하는 포화체는 cis체와 같은 냄새를 가지고 있었다. 한편 trans체의 냄새는 매우 약하고, cis체나 포화체의 냄새와는 확실히 다르다. 즉, 작용기 변화보다도 작용기 B와 바구니형 구조 C와의 공간적인 입체 관계 쪽이 백단과 같은 냄새를 발현하는 데 중요하며 α-산탈롤 냄새 특징에 커다란 영향을 주는 것으로 판명되었다.

이상으로부터 α-산탈롤의 특징적인 냄새를 발현하는 중요한 구조는 바구니형 구조(부분 구조 C)인 것으로 추정된다. 이를 확인하기 위해 이 바구니형 구조가 없는 분자를 합성하였다. 실제로 바구니형 구

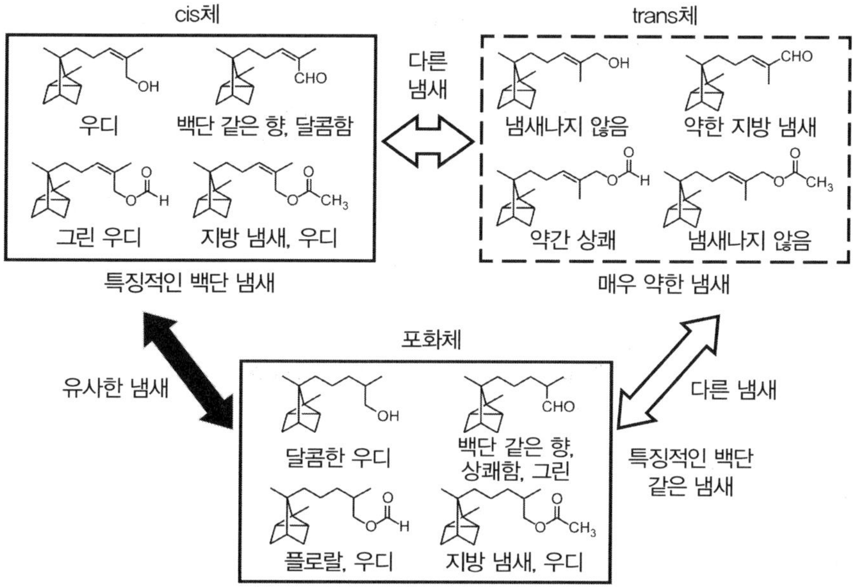

그림 5.8_α-산탈롤의 부분 구조 A, B의 변환과 냄새와의 관계

조 대신 사슬형 구조를 갖는 분자를 합성하고, 그 냄새 변화를 검토하였다. 그 결과를 그림 5.9에 나타냈다. 이들에 대해 관능 평가를 실시한 결과 사슬형 구조로 변환한 분자에서 백단의 특징적인 냄새는 완전히 없어졌다. 또 cis체, 포화체, trans체의 냄새가 모두 유사함도 확인하였다. 이 결과는 사람의 냄새 수용체가 기하 이성질체의 다름을 인식하는 데 있어 분자의 바구니형 구조가 중요한 역할을 하고 있음을 보여 준다.

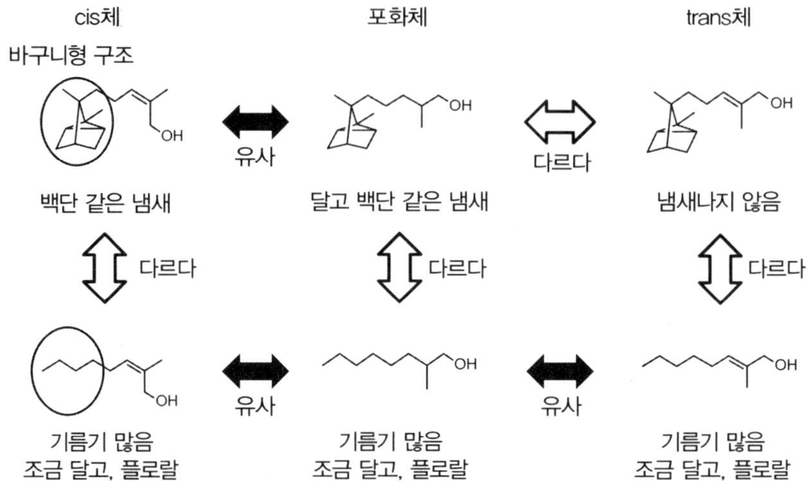

그림 5.9_α-산탈롤의 부분 구조 C의 변환과 냄새와의 관계

03 스타아니스의 주요 냄새 성분인 아네톨의 구조 변화와 냄새의 관계

스타아니스의 주요 냄새 성분인 아네톨 분자 구조가 갖는 특징은 아주 단순하다. 벤젠 고리(그림 5.10의 분자의 골조, A)의 파라$_{para}$ 위치에 메톡시$_{methoxy}$기(OMe기, 그림 5.10의 *p*-위치 치환기, B)와 이중 결합을 하나 갖는 불포화 사슬 $-CH=CH-CH_3$(그림 5.10의 작용기, C)를 포함하고 있다. 이 이중 결합에는 기하 이성질체가 존재한다.

그림 5.11에 나타낸 것처럼 B, C의 구조를 바꿔 보았다. *p*-위치 치환기(B)를 수소 원자로 바꾼 경우(즉, 모노치환체)와 메틸기(Me기)로 바꾼 경우를 검토했다. 이 두 변환을 각각 시스템 3 및 2(OMe기의 경우를

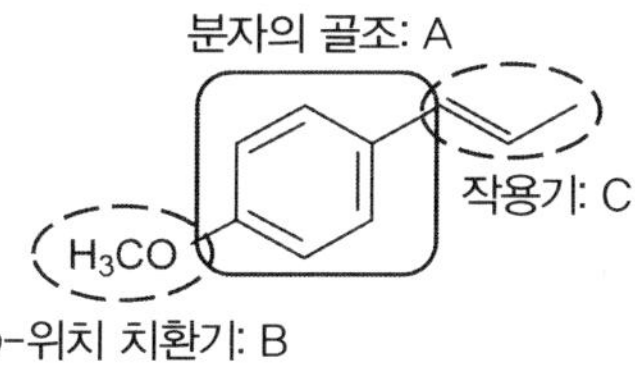

그림 5.10_아네톨의 특징적인 분자 구조

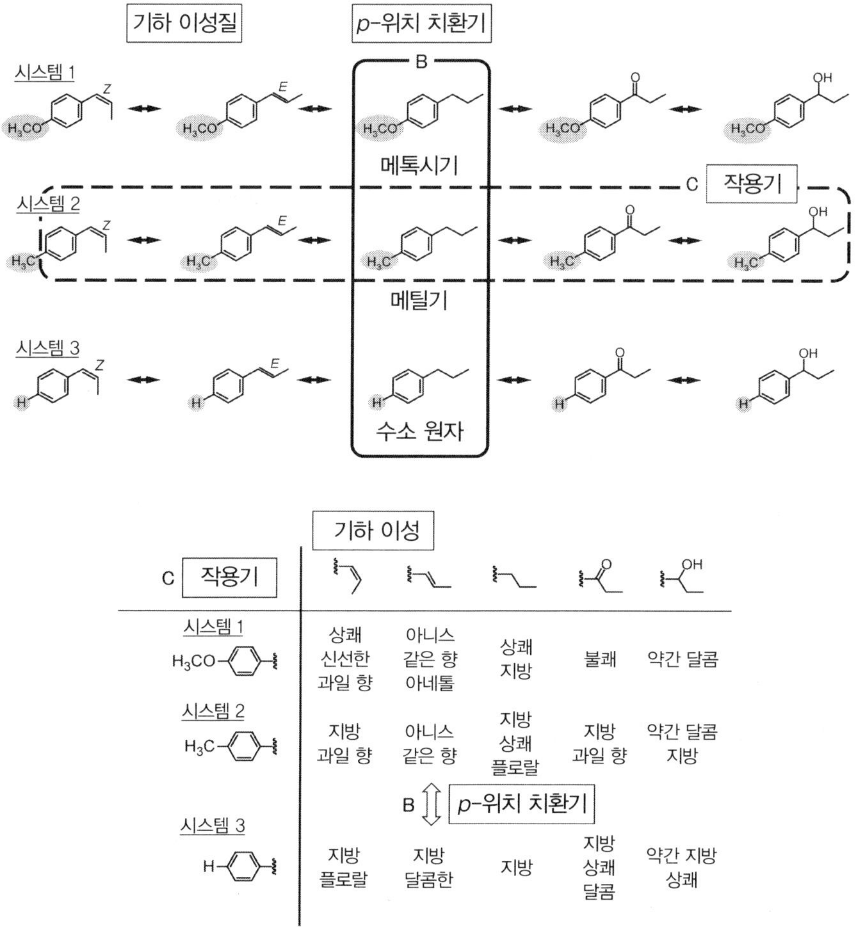

그림 5.11_아네톨의 부분 구조 B, C의 변환과 냄새의 관계

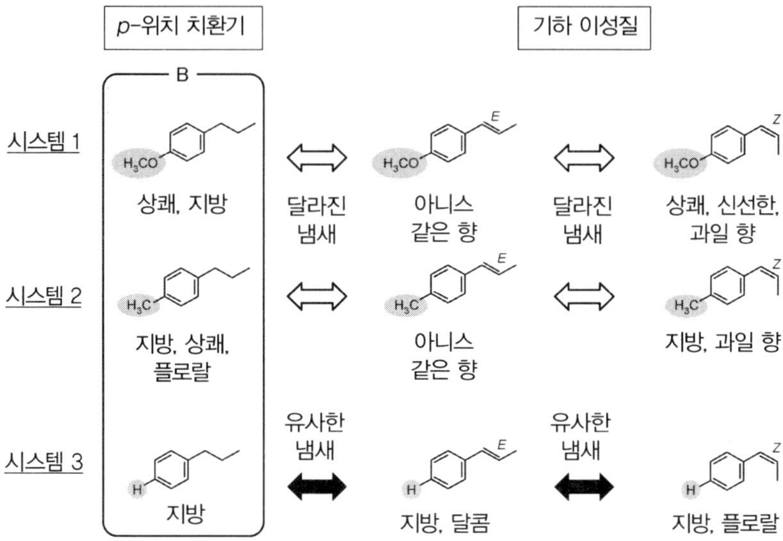

그림 5.12__시스템 1~3에서 각 유도체의 구조와 냄새의 관계

시스템 1로 한다)라고 하고, 그들에 대해 작용기(C)를 그림에서와 같은 구조로 바꿔 냄새의 변화를 검토했다.

우선 *p*-치환기의 기하 이성질체 사이에서 냄새 변화를 조사했다. 그 결과를 그림 5.12에 정리하였다. 시스템 1과 시스템 2는 같은 경향을 보여주는 데 비해 시스템 3의 결과는 아주 다르다. 시스템 3의 모노치환체에서는 포화체와 2종류의 기하 이성체질의 냄새가 서로 유사하다. 한편 시스템 1과 시스템 2에서는 명확하게 냄새의 차이가 난다. 이 결과는 기하 이성질에 의해 냄새가 차이나려면 *p*-위치에 OMe기가 존재하는 것이 중요하다는 것을 시사한다. 즉, 냄새 수용체가 작용기의 포화와 불포화를 구별하거나 기하 이성질체를 구별하기 위해서는 이들 작용기의 *p*-위치에 OMe기나 Me기가 존재해야 함을 의미한다. 또 냄새 특징을 보면 OMe기와 Me기에서는 명확한 차이를 볼 수 없다. 즉, 수용체는 이 두 분자를 동일하게 본다는 것이다.

그렇다면 작용기 C가 카보닐기(C=O)나 하이드록시기(OH)일 때는 냄새가 어떻게 변할까? 그림 5.11에 표시한 것 같이 시스템 1 및 2에 대하여는 탄화수소기의 결과에서처럼 서로 달랐다. 그러나 시스템 3(모노치환체)에서는 탄화수소기의 경우와 달리, 케톤이나 알코올 치환체에서 냄새가 달라졌다. 이처럼 작용기 극성이 냄새 발현에 있어 중요한 역할을 하기도 한다.

04 바닐린 유도체의 구조 변화와 냄새의 관계

아네톨은 벤젠 고리의 *p*-위치에 2개의 치환기를 가지고 있는 방향족 화합물이다. 천연 냄새 성분 중에는 치환기가 3개인 잘 알려진 분자가 있다. 바로 그림 5.13에 나타낸 바닐린$_{\text{vanillin}}$(바닐라$_{\text{vanilla}}$ 향의 주성분)이

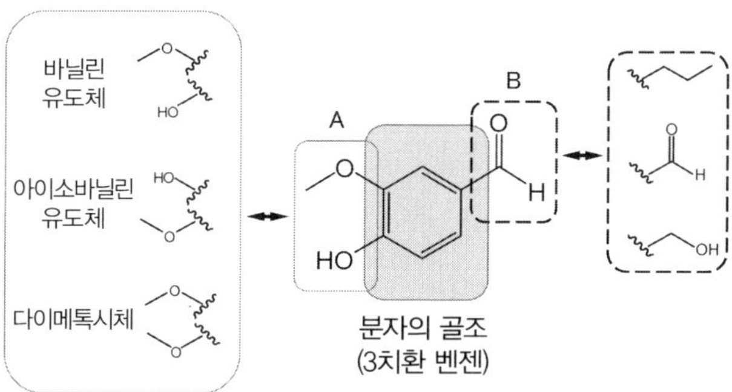

그림 5.13_바닐린의 특징적인 분자 구조

다. 바닐린의 세 치환기를 그림에서처럼 치환기 A와 B, 둘로 나누어 검토했다. 또 A에 대해서는 OH기와 OMe기 2종류로 한정해서 바꾼 한편, B에 대하여는 3종류로 작용기를 바꿨다.

우선 A의 OH기와 OMe기의 두 치환기에 대해, 치환 위치 차이가 향에 미치는 영향을 조사했다. 그 결과를 그림 5.14에 정리하였다. 이 결과로부터 B 위치에서 치환기를 바꿨을 때 일어나는 변화에 비해, A 위치에서 OH기와 OMe기, 두 치환기의 치환 위치의 차이가 냄새 변화에 영향을 주고 있음을 알았다. 다음으로, A에서 양쪽 모두 OMe인 화합물(다이메톡시체)도 더하여 냄새 차이를 관찰하였다. 그 결과 그림 5.15에 나타낸 것처럼 두 곳의 냄새가 유사한 경향을 볼 수 있다. 이렇게 3종류 치환기의 위치 및 종류가 바닐린의 냄새 발현에 있어서 중요한 요인이 된다는 것을 나타내고 있다.

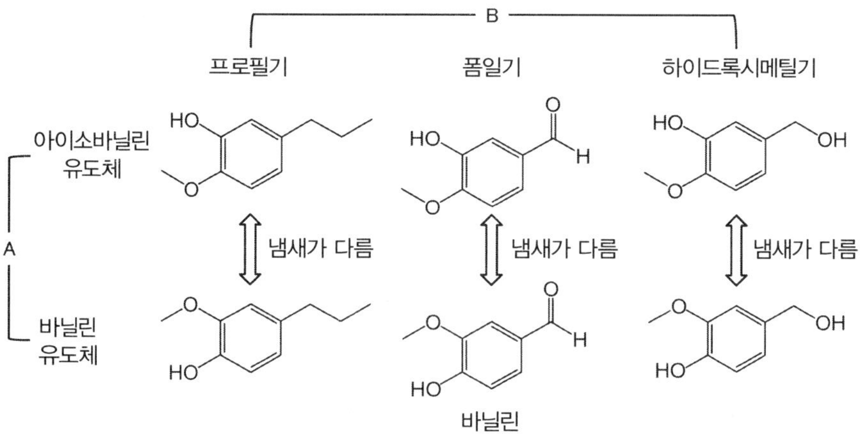

그림 5.14_바닐린의 OH기와 OMe기 치환 위치에 따른 냄새의 영향

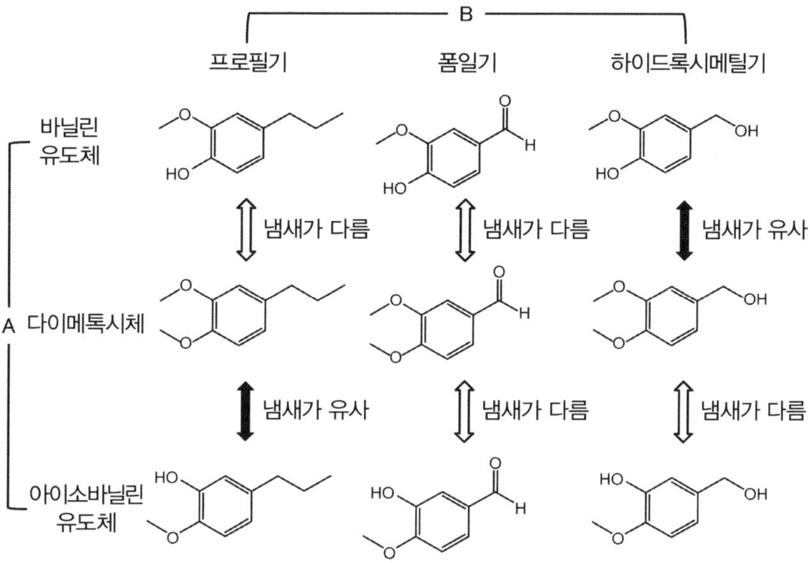

그림 5.15_바닐린의 OH기와 OMe기가 냄새에 미치는 영향

05 베티베르 주성분인 쿠시몰 및 그 유도체의 구조와 냄새의 관계

베티베르vetiver란 벼과 식물로, 그 뿌리를 건조하면 특유의 냄새가 난다. 뿌리의 수증기 증류로 얻는 정유는 여러 곳에 사용된다. 이 베티베르에서 나는 독특한 냄새는 특이한 구조의 함유 성분에서 기인한다. 그 주요 함유 성분의 하나는 그림 5.16에서 보이는 쿠시몰khusimol 분자이다. 이 분자는 그림에 나타낸 것처럼 상당히 복잡한 구조를 하고 있다. 전체적으로 강직한 구조이며 거기에 이중 결합이나 하이드록시기가 결합하고 있다. 또 분자 내에 몇 개의 비대칭 탄소 원자가 존재한다. 여기서는

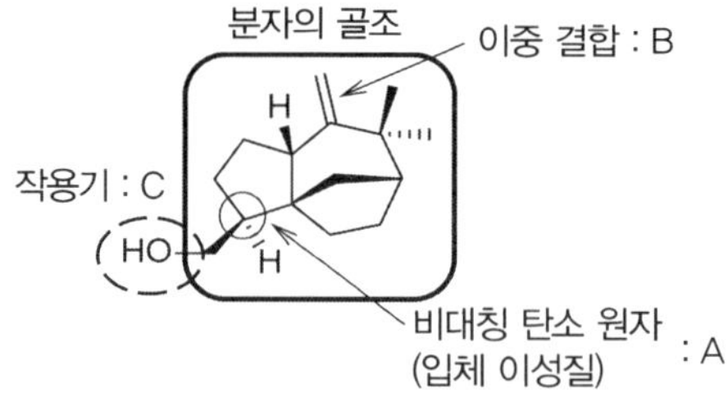

그림 5.16_쿠시몰의 특징적인 분자 구조

그림에 표시한 A~C의 세 부분 구조에 착안해서 검토한 결과를 소개할 것이다.

우선 하이드록시기(OH) 작용기의 변환에 대해 살펴보자. 그림 5.17에 나타낸 것처럼, 벤젠 고리를 갖는 작용기 이외에는 모두 유사한 냄새를 나타냈다. 이를 통해 이 분자의 골격 구조가 쿠시몰의 냄새 발현에 있어 얼마나 중요한지를 알 수 있다.

다음으로 비대칭 탄소 원자에 기인한 입체 이성질 A의 차이에 대한

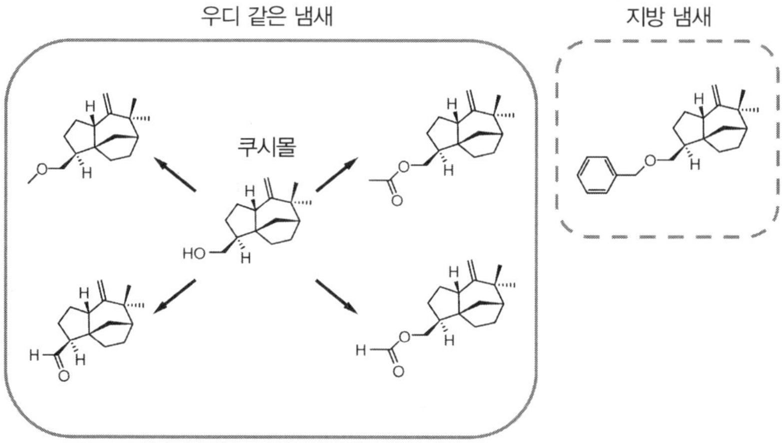

그림 5.17_쿠시몰 부분 구조 C의 변환과 냄새와의 관계

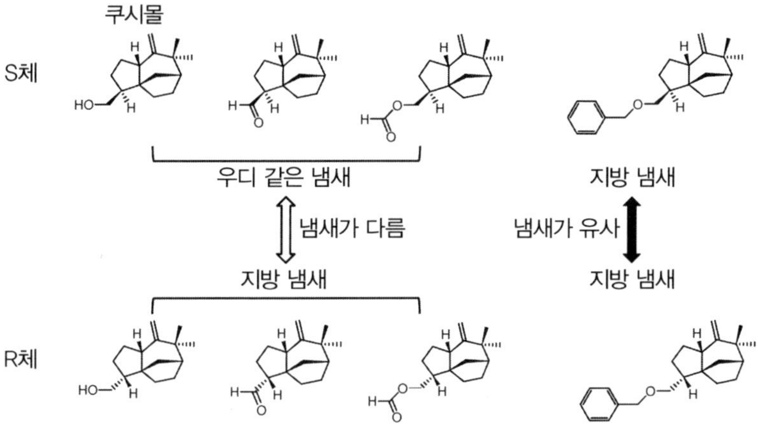

그림 5.18_쿠시몰의 입체 이성질 A의 차이가 냄새에 미치는 영향

검토 결과를 그림 5.18에 나타내었다. 벤젠 고리가 치환된 쿠시몰 유도체만이 입체 이성질로 인한 냄새 차이가 나타나지 않았다. 앞 결과와 종합하면, 벤젠을 치환한 경우에 미치는 영향은 특징적인 분자 골격에 치환한 것보다 크다는 것을 알 수 있다.

끝으로 쿠시몰 분자 골격에 결합하고 있는 이중 결합에 대한 결과를 그림 5.19에 나타내었다. 결과를 보면 이중 결합이 존재하는 것이 쿠시몰 특유의 냄새를 발현하는 데 확실히 중요하다는 것을 알 수 있다. 또 대응하는 에폭시$_{\text{epoxy}}$체에서 치환기 구조가 달라져도 냄새가 변하지 않는 결과를 보아, 쿠시몰이 갖는 큰 부피의 분자 구조가 중요하다는 것도 알 수 있다.

이상의 검토 결과로부터 얻어진 쿠시몰류의 냄새 발현에 대한 구조적 요인을 정리하면 그림 5.20처럼 나타낼 수 있다.

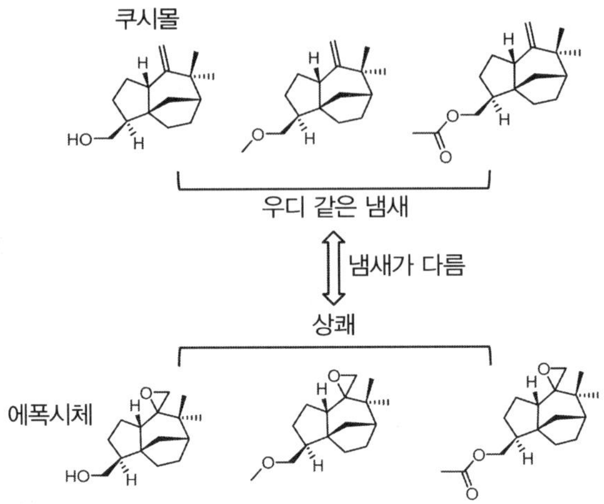

그림 5.19_쿠시몰의 이중 결합 B의 유무가 냄새에 미치는 영향

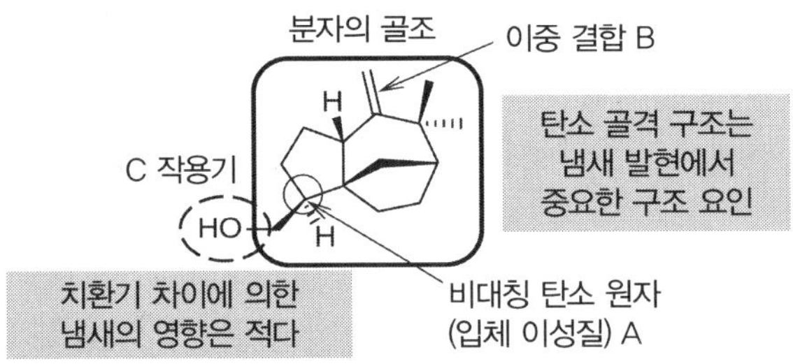

그림 5.20_쿠시몰의 특징적인 냄새 발현에 미치는 구조 요인要因

06 γ-락톤류의 구조와 냄새의 관계

복숭아의 주요 냄새 성분인 γ-락톤γ-lactone의 냄새에 대한 검토 결과를 보자. 일반적으로 락톤lactone류는 과일 향의 지방 냄새를 갖고 있어 향료에서 매우 중요한 화합물이다. 구조는 그림 5.21에 나타낸 것같이 락톤 고리lactone ring 구조에 탄화 수소 사슬이 결합되어 있다.

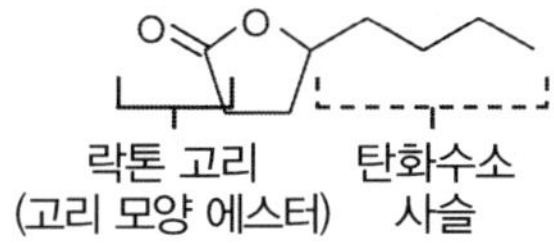

그림 5.21_γ-옥타락톤octalactone의 특징적인 분자 구조

이 물질을 검토하면서, γ-락톤류의 냄새 원인이 락톤의 고리 구조에 있다는 가정하에 이 고리를 개환하여 냄새 변화를 보기로 했다. 고리에서 1개의 단일 결합을 제거해서 개환하는 경우, 개환 위치는 두 군데가 가능하다. 이를 바탕으로 합성한 γ-락톤류와 각각의 냄새 특징을 그림 5.22에 나타내었다. 사용한 락톤류를 탄화수소 사슬의 탄소수를 기초로 각각 C3~C6체라 한다. 또 고리를 그대로 둔 것을 유형 A, 개환한 것을 유형 B, 유형 C라 한다. 유형 B 및 유형 C는 모두 고리가 깨져서 γ-락톤류가 보이던 냄새의 특징을 잃어버렸다. 즉 가정대로 락톤의 고리

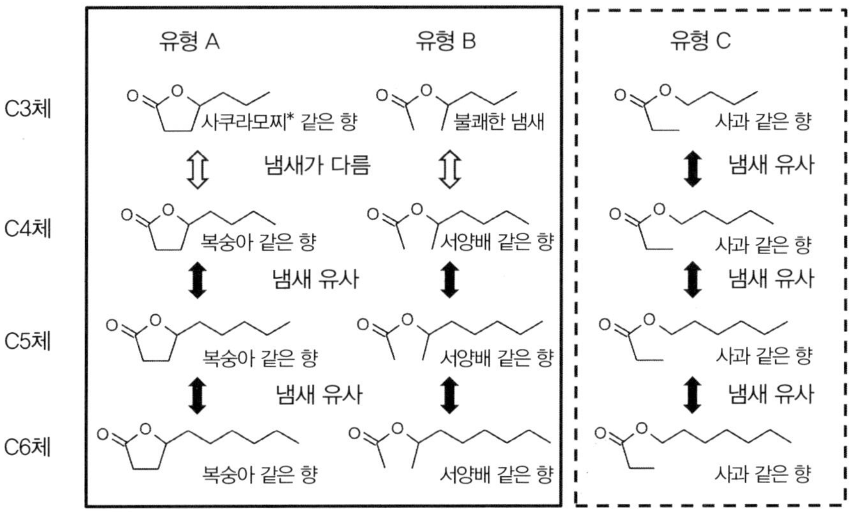

*사쿠라모찌桜餅: 팥소가 들어간 떡을 소금에 절인 벚나무 잎으로 감싼 떡

그림 5.22_γ-락톤류의 고리 구조와 탄화수소 길이가 냄새에 미치는 영향

구조가 냄새 발현에 있어서 매우 중요한 요인이라는 것을 알 수 있다.

한편, 이 결과로부터 냄새 특징에 대한 정보뿐 아니라 또 다른 중요한 사실이 밝혀졌다. 즉, 락톤 고리에 결합된 탄화수소 사슬의 탄소수 증가에 따른 냄새 변화이다. 그림 5.22의 유형 A와 유형 B에서, C3체의 냄새만이 다르고 그 이외에는 모두 같은 경향이 나타났다. 이는 탄소수 변화에 따라 냄새의 특징이 바뀌는 것을 의미한다. 이 결과를 그림 5.23에 정리하였다. 즉 C-2 위치에 메틸(Me)기가 있느냐 없느냐가 냄새 발현에 있어 중요하다고 생각된다. 이는 사슬 분자에서 가지달린 구조의 중요성을 시사하고 있다.

이상으로 몇 가지의 냄새 분자를 예로 들어 구조와 냄새와의 관계를 설명했다. 여기서 소개한 것 같은 지견知見을 여러 물질에 적용하여 많은 자료를 축적해가면, 앞으로 사람의 후각 메커니즘을 해명하는 길이 열릴 것이라고 기대한다.

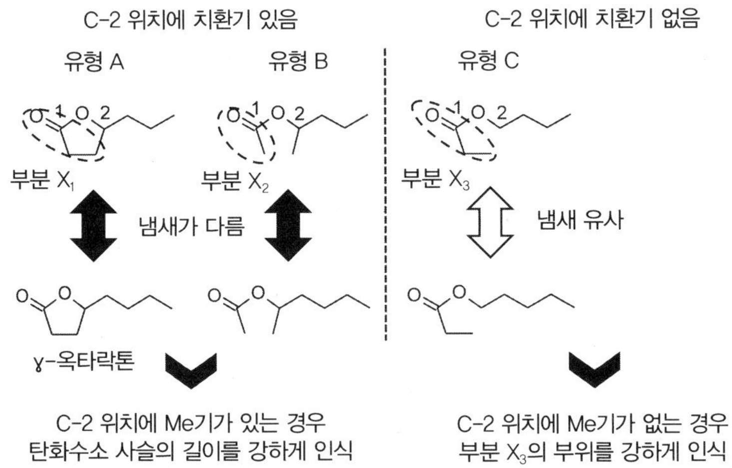

그림 5.23_ γ-옥타락톤의 고리 구조와 가지 사슬이 냄새 발현에 미치는 영향

칼럼 9

감귤류 냄새의 정체는?

일반적으로 '감귤류 냄새'라고 해도, 감귤류에는 오렌지, 밀감, 자몽 등 종류가 다양하며 그 냄새도 서로 다르다. 그 차이는 냄새를 구성하는 성분들 때문에 나타난다.

감귤류에 함유된 성분은 많은 연구를 통해 이미 자세히 밝혀져 있어서, 감귤류 냄새를 인공적으로 재생하는 것은 그렇게 어렵지 않다. 현재는 천연소재의 냄새 성분을 분석한 결과를 바탕으로 합성향료가 만들어져 음료나 껌 등에 향을 내는 데 사용하고 있다. 천연 냄새는 식물에 따라, 그리고 그 생산지에 따라 미묘하게 다르다. 그 차이가 천연 냄새의 장점이기는 하지만, 소비자에게 항상 일정한 같은 냄새를 전달할 수는 없다. 그에 비해 합성향료는 어디서든 일정한 냄새를 재현할 수가 있다. 그러나 독자도 이미 어느 정도 알고 있겠지만, 음료에 첨가한 오렌지 합성향료의 냄새가 실제 오렌지 냄새와 다르고, 과자의 오렌지 냄새나 세제의 오렌지 냄새 등도 닮기는 했지만, 실제 과일 냄새와는 미묘하게 다르다. 왜 그럴까?

천연 냄새 분자 중에는 합성이 매우 어려운 것도 있다. 그런 경우 완전히 같은 분자를 합성하여 식품에 첨가해서 사용하려면, 시간과 비용이 많이 들게 된다. 그래서 유사한 냄새, 특히 가능한 한 합성이 쉬운 냄새 분자를 골라서 사용한다. 그 결과, 같은 오렌지 냄새라고 해도 사용하는 합성 냄새 분자나 그 배합 비율의 차이에 의해 여러 종류의 오렌지 합성향료가 생산된다. 각 용도에 따라 다양한 오렌지 냄새가 존재하게 된 것이다.

한편, 합성향료가 갖는 유효한 점은 귀중한 천연 향료의 대용품 개발에 연결된다는 것이다. 특히 유명한 것은 합성 머스크musk이다. 머스크란 사향노루麝香鹿에서 채취한 사향이라는 향료로, 그 냄새의 근원 분자는 무스콘muscone이라는 큰고리 화합물이다. 현재 천연 사향노루로부터 얻는 사향 채취는 워싱턴협약Washington convention으로 금지되어 있다. 그래도 이 머스크 냄새는 다른 어떤 향료에서도 얻을 수 없는, 유일무이한 냄새이다. 그렇다고 큰고리 화합물인 무스콘을 합성하는 것은 매우 어렵다. 따라서 머스크 냄새와 비슷한 여러 가지 냄새 분자가 합성되어 사용되고 있다. 그 대표적인 것을 **그림**에 나타냈다.

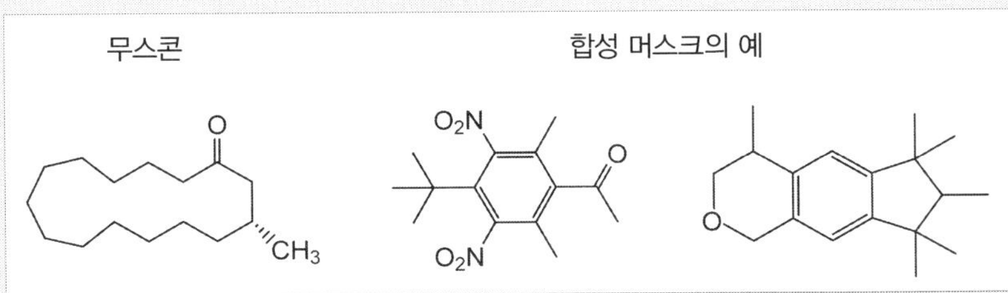

그림_머스크와 비슷한 냄새를 갖는 냄새 분자의 예

참고문헌

[유기화학의 기초를 더 배우기 위해]

1) 長谷川登志夫: 香りがナビゲートする有機化学, コロナ社 (2016)

2) 長谷川登志夫: マンガでわかる有機化学, オーム社 (2014)

[향기의 과학을 더 배우기 위해]

1) 櫻井和俊, 日野原千惠子, 佐無田靖, 藤森嶺: エッセンス! フレーバー・フレグランス ~化学で読みとく香りの世界~, 三共出版 (2018)

2) 平山令明:「香り」の科学 匂いの正体からその効能まで, 講談社 (2017)

3) 長谷川香料株式会社: 香料の科学, 講談社 (2013)

4) 森 憲作: 脳のなかの匂い地図 (PHPサイエンス・ワールド新書), PHP研究所 (2010)

[향기를 보다 전문적으로 배우기 위해]

1) 長谷川發志夫, 膝原隆司, 蔵屋英介: 実践ニオイの解析・分析技術 香気成分のプロファイリングから商品開発への応用まで, エヌ・ティー・エス (2019)

2) 長谷川登志夫ほか：においを "見える化" する分析・評価技術, R&D支援センター (2019)

3) 長谷川登志夫 ： におい受容機構を考慮したGC-MS データの見方,『においのセンシング, 分析とその可視化 数値化』, 第2章, 第4節, pp.90~99, 技術情報協会 (2020)

4) 長谷川登志夫：香りを分子からとらえる, 香料, 281, pp.29~38 (2019)

5) 長谷川登志夫 ： 香気素材の香気プロフィール解析と分子の構造変換による香気変化, ファインケミカル, 43, pp.14~22 (2014)

6) 長谷川登志夫：お香の香気成分, におい・かおり環境学会誌, **44**, 2, pp.133~140 (2013)

[개별 반응 소재, 냄새 분자에 대한 연구 보고서]

1) 長谷川登志夫, 小森順一, 藤原隆司：日本酒の香り, におい・かおり環境学会誌, **50**, 5, pp.335~342 (2019)
2) 田中佳奈, 緑川直弥, 長谷川登志夫, 蔵屋英介: ベチバー主要成分 Khusimolとその誘導体の構造と香りの関係, におい・かおり環境学会誌, **51**, 3, pp.201~204 (2020)
3) 佐藤仁美, 長谷川登志夫, 蔵屋英介：バニリン誘導体の構造と香りの関係性, におい・かおり環境学会誌, **51**, 3. pp.209~212 (2020)
4) 大須賀祐亮, 長谷川登志夫, 蔵屋英介：γ-ラクトン類の構造と香気の検討, におい・かおり環境学会誌, **51**, 3, pp.205~208 (2020)

찾아보기

역자 소개

원종옥

연세대학교 화학과 졸업

미 미네소타 대학교 화학과(재료화학 박사)

한국과학기술연구원 책임연구원

현: 세종대학교 화학과 교수, 2010년부터 향장화학을 가르치고 있음

향료화학 -냄새 분자가 만드는 향의 세계-

저 자	長谷川 登志夫
역 자	원종옥
감 수	원영무
발 행 인	김지영
발 행 처	자유아카데미
주 소	경기도 파주시 회동길 37-42 파주출판도시
전 화	031-955-1321
팩 스	031-955-1322
홈페이지	www.freeaca.com
전자우편	main@freeaca.com (대표) editor@freeaca.com (편집) crm@freeaca.com (영업)
등 록	제406-2003-017호, 1980. 7. 12.
제1판1쇄	2022년 2월 28일 발행
제1판2쇄	2024년 3월 5일 발행

ISBN 979-11-5808-348-9 93430

값 16,000원

ISBN 979-11-5808-348-9